齐鲁高速公路股份有限公司技术指南

高速液压夯处治新老路基差异沉降技术指南

王小华　吕　斌　主编

人民交通出版社
北京

图书在版编目(CIP)数据

高速液压夯处治新老路基差异沉降技术指南 / 王小华，吕斌主编. — 北京 ：人民交通出版社股份有限公司，2025. 1. — ISBN 978-7-114-19976-9

Ⅰ. U418. 5-62

中国国家版本馆 CIP 数据核字第 20258UF056 号

Gaosu Yeyahang Chuzhi Xin-lao Luji Chayi Chenjiang Jishu Zhinan

书　　名：**高速液压夯处治新老路基差异沉降技术指南**
著 作 者：王小华　吕　斌
责任编辑：朱明周
责任校对：赵媛媛
责任印制：刘高彤
出版发行：人民交通出版社
地　　址：(100011)北京市朝阳区安定门外外馆斜街 3 号
网　　址：http：//www. ccpcl. com. cn
销售电话：(010)85285857
总 经 销：人民交通出版社发行部
经　　销：各地新华书店
印　　刷：北京科印技术咨询服务有限公司数码印刷分部
开　　本：880×1230　1/16
印　　张：4. 5
字　　数：98 千
版　　次：2025 年 1 月　第 1 版
印　　次：2026 年 3 月　第 2 次印刷
书　　号：ISBN 978-7-114-19976-9
定　　价：50. 00 元

《高速液压夯处治新老路基差异沉降技术指南》

编 委 会

主　　编：王小华　吕　斌

副 主 编：张宏博　江大海　宫海霞

参加人员：雷　涛　韩　佳　厉　超　齐　迪

陈　健　韦金城　袁广宇　刘亚珍

静福珍　王维桥　董　斌　孙兆云

闫志超　张　磊　王楚怡　房彦宏

田明震　王岩梓

前　言

近年来，随着我国交通行业的快速发展，大量已建公路已不能适应持续增长的交通需求。为充分利用原有道路基础设施，减少占地面积、节约建设资金，对既有公路进行拓宽改建，逐渐成为公路工程建设的重要组成部分。目前，公路改扩建工程施工中常用的地基处治技术有强夯法、冲击碾压法。然而，强夯法处治地基震动大、效率低，对土壤的要求高；冲击碾压法处治地基能级不足，分层碾压路基稳定性差。现有针对软弱地基的处理技术难以达到令人满意的效果。高速液压夯实技术因其机动灵活、经济高效、施工时不易产生水平波及剪切波、对邻近构筑物破坏性影响小等优势，已逐渐应用于地基处理工程。

目前，高速液压夯实技术主要应用于桥涵台背、新老路基结合部、半填半挖局部高填方以及不良土填层的补强，并取得了良好的效果。但公路改扩建工程中利用高速液压夯技术进行地基处理的施工案例很少。因此，制定《高速液压夯处治新老路基差异沉降技术指南》，明确高速液压夯实机的工作特性、技术参数和地基技术参数，提供处治路基施工工艺和质量控制方法，可以弥补现行相关规范的不足，为使用高速液压夯技术进行工程施工提供参考和指导。

目　　录

1 总则

1.0.1 为指导公路改扩建工程应用高速液压夯技术进行地基处理，减少新老路基不均匀沉降，保障改扩建工程建设质量，制定本指南。

1.0.2 本指南适用于公路改扩建工程新老路基、邻近结构物的地基采用高速液压夯技术的夯实处理。

1.0.3 改扩建工程地基处理设计中，应贯彻环境保护、耕地保护和资源节约的基本原则，遵循“利用与改扩建充分结合、建设与运营相互协调”的原则，进行科学论证，提出合理方案。

1.0.4 新建路基与既有路基应衔接良好，且具有足够的强度、稳定性和耐久性。

1.0.5 改扩建地基处理设计应做好公路沿线工程地质勘察试验工作，查明沿线水文、地质条件，获取设计所需要的岩土物理力学参数。

1.0.6 应用高速液压夯技术施工，必须遵守与环境保护、文物保护及安全施工等有关的法律法规，尽量保护原有邻近结构物，防止振动、噪声和粉尘污染；遇文物时，应立即停止施工，并保护好现场，会同有关单位妥善处理。

1.0.7 高速液压夯处理地基工程的设计与施工应符合国家和行业现行有关标准的规定。

2 规范性引用文件

下列文件对于本规程的应用是必不可少的。其中，注日期的引用文件，仅该日期对应的版本适用于本文件；不注日期的引用文件，其最新版本(包括所有的修改单)适用于本文件。

JTG B01 公路工程技术标准

JTG D30 公路路基设计规范

JTG/T 3610 公路路基施工技术规范

JTG/T D31-02 公路软土地基路堤设计与施工技术细则

JTG/T D33 公路排水设计规范

JTG/T L11 高速公路改扩建设计细则

JTG 3430 公路土工试验规程

JTG F80/1 公路工程质量检验评定标准

JTG C20 公路工程地质勘察规范

JTG 3450—2019 公路路基路面现场测试规程

T/SDCEAS 10006—2021 液压快速夯实地基技术标准

3 术语与定义

3.0.1 公路改扩建 highway reconstruction and extension

在既有公路路线走廊带内，利用原有道路资源，通过拓宽、改造以提高服务水平、通行能力及安全性的工程建设行为。

3.0.2 路基 subgrade

按照路线位置和一定技术要求修筑的带状构造物，是路面的基础，承受由路面传来的行车荷载。

3.0.3 路基拼接 subgrade joint construction

使新老路基连接成为整体的工程措施。

3.0.4 特殊路基 special subgrade

位于特殊土(岩)地段、不良地质地段，受水、气候等自然因素影响强烈，需要进行特殊设计的路基。

3.0.5 液压快速夯实 rapid hydraulic compaction(RHC)

借助液压油缸驱动重锤，产生高频率冲击能，处理地基的施工方法。

3.0.6 有效加固深度 effective reinforcement depth

夯后地基强度或加固指标达到设计要求的深度。

3.0.7 单击夯击能 energy of single rammer

液压夯锤在液压油缸有效行程驱动下所具备的夯击能量。

3.0.8 夯击次数 tamping times

对单个夯点连续或分遍施加的累计夯击次数。

3.0.9 夯击遍数 number of dynamic compaction

对夯点采取分遍夯击或采取隔行、隔点夯击方式的遍数。

3.0.10 布点间距 points setting spaces

处理范围之内所布置夯点的间距。

3.0.11 满夯 full tamping

用低于点夯的能量对地基表层进行最终处理的方法。

3.0.12 平均夯沉量 settlement of dynamic compaction

夯前、夯后场地平均高程之差。

3.0.13 间隔时间 intervals of each time and aging time

两遍夯击之间或从竣工到检测的时间间隔。

4 拓宽填方路基拼接方式及差异沉降综合处治技术

4.1 分类

4.1.1 按照地形地质条件、路基拓宽方式、新老路基填挖形式等，可以将填方路基拓宽方式分为 2 大类、8 小类。

4.2 平原地区填方老路基+填方新路基

4.2.1 平原地区路基单侧拓宽主要形式共包括 4 种，如图 4.2.1 所示。双侧拓宽与此类似。

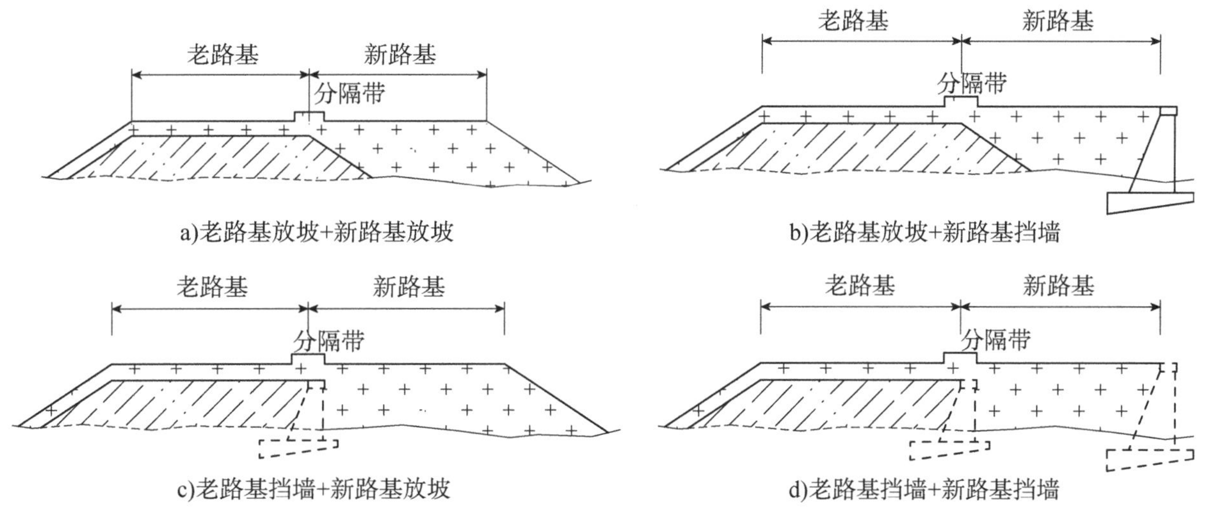

图 4.2.1 平原地区填方老路基+单侧填方新路基

4.2.2 对于图 4.2.1a)、b)两种形式，由于新老路基下地基固结度差别较大，随着新路基固结时间的延长，新老路基搭接部位容易产生差异变形，从而在老路路面内产生附加应力，造成路面损坏。

4.2.3 由于老路挡土墙墙面的直立特性，几乎没有新老路基沉降的过渡范围，因此在老挡墙与新路基交界处易发生沉降突变，相关病害(如纵向裂缝)容易发生在此附近。

4.3 丘陵山区老路基+填方新路基

4.3.1 丘陵山区路基拓宽填方形式共包括4种，见图4.3.1。对于双侧拓宽，另一侧为挖方路基的路基拓宽方式，不在本指南考虑范围内。

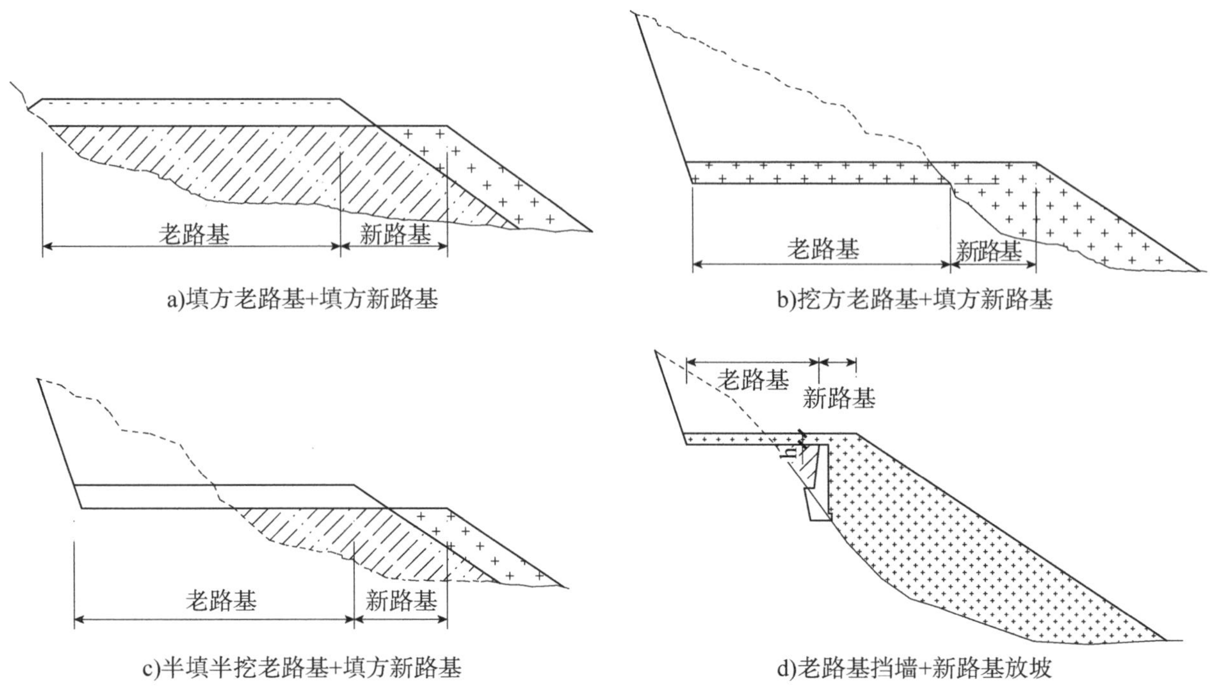

图4.3.1 丘陵山区老路基+单侧填方新路基

4.3.2 填方老路基+填方新路基拓宽方式[图4.3.1a)]的主要问题是：一方面，新老路基填料和压实度方面存在差异；另一方面，两者的固结程度不同，新老路基搭接处易发生工后差异沉降，导致相关病害。

4.3.3 挖方老路基+填方新路基拓宽方式[图4.3.1b)]的主要问题是：路基填料多选用就近路段的挖方体，新、老路基在填料类型、压实度等方面均存在一定的差异；非陡坡的拓宽还可能处于洪积层、坡积层等软弱地基区域，存在差异沉降、路基稳定性不足等问题。

4.3.4 半填半挖老路基+填方新路基拓宽方式[图4.3.1c)]的主要问题是：同一断面上的路基土存在较大差异：老路基挖方部分为山体开挖的原状土且经多年行车荷载作用，老路基填方部分也经过多年固结和行车荷载作用，而新路基则是自然放坡的新填路基，固结度小，潜在变形较大。

4.3.5 老路基挡墙+新路基放坡拓宽方式[图4.3.1d)]的主要问题是：当老路基填

方部分外侧设置挡墙时，路堤填土引起的附加荷载明显，若该处地基本身属于不良地基，易造成地基的二次固结变形和填筑体本身的压密变形，新老路基间不可避免地产生较大的差异沉降，路面结构层通常会在通车后一段时间内产生纵向开裂等病害，应加强地基处理设计。当老路基填方部分采用放坡形式时，由于新路基拓宽宽度不大，而路堤填筑深度较大，填筑体形状呈狭长形，施工难度大，常用的道路压实机具无法展开施工，因此压实度难以保证，易留下质量隐患，也易出现新老路基结合不良的相关病害。

4.4 新老路基间的不均匀沉降变形

4.4.1 新老路基间的不均匀沉降变形主要包括横向和纵向的不均匀变形。道路经过拓宽后，原有路基和地基在附加荷载作用下发生沉降变形，新路基在自重荷载作用下也发生沉降变形，两者叠加反映到路基顶面，使路基沿横向和纵向产生不均匀沉降变形，具体成因来源于地基的固结沉降、新老路基的自身压缩变形、新老路基侧向滑移三个方面。

4.4.2 地基的固结沉降因素为：老路基经过长时间运营，在自重荷载和车辆荷载的作用下已基本完成固结，路基宽度范围内地基土固结程度不同，老路基影响范围内地基固结程度较高，改扩建施工期及运营期内，老地基的二次固结变形量有限；而新路基范围内的地基固结程度低，新地基达到较高的固结度状态仍需较长时间，剩余压缩固结沉降量仍较大，引起新老地基差异沉降，反映到上部路基及路面结构上，可能造成路基和路面结构的破坏。

4.4.3 新老路基的自身压缩变形因素为：

1 老路基经过多年运营，沉降已经基本完成，老路基在拓宽部分附加荷载作用下变形量较小；而填筑后的新老路基变形模量不一致，新路基在施工期和运营期仍会产生较大的压缩变形[图4.4.3-1)]。

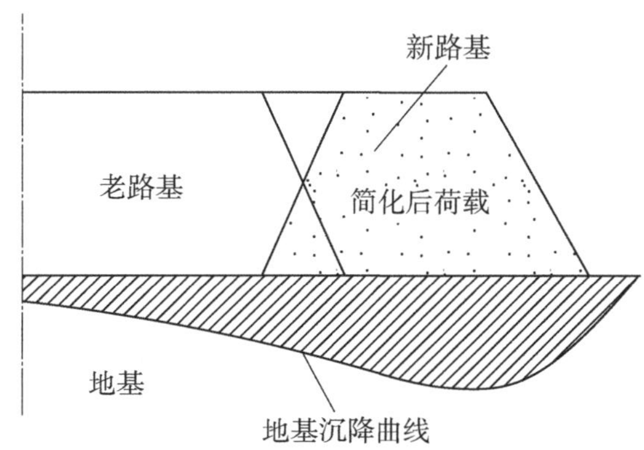

图4.4.3-1 新老路基地基沉降模式

2　新老路基结合部是新老路基最薄弱的位置，且施工工艺较为复杂，存在压实盲区或弱碾区，容易出现强度不足，造成不均匀沉降并可能产生错动滑移(图4.4.3-2)。

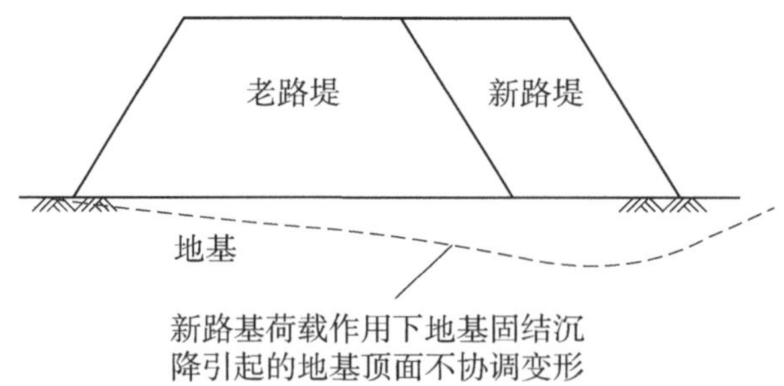

图4.4.3-2　新老路基结合部

4.4.4　新老路基侧向滑移因素为：

1　平原地区新老路基底部为老路基边沟，受长期积水影响，土质条件较差，可能发生地基失稳或边坡滑移，引起路基整体滑动。

2　丘陵山区高陡路基拓宽，须在老路基侧面按照车道宽度进行拓宽时，新拓宽部分可能发生顺坡滑移。

4.5　新老路基常见病害及处治方法

4.5.1　新老路基常见病害类型包括新老路基结合部剪切开裂、新老路面结合部弯拉开裂、老路基层顶面开裂、新(老)路基层底面开裂等。

4.5.2　按照处治措施的部位和处治机理来划分，可以将不协调变形的控制技术划分为四大类，即路面内部处治、路基内部处治、外部处治和综合处治，如表4.5.2-1所示，其适用条件如表4.5.2-2所示。

表4.5.2-1　新老路基差异变形处治技术分类

分类	处治技术或方式
路面内部处治	增加路面厚度
	提高抗变形能力(加筋、设置网片等)
路基内部处治	结合面处理
	填料及压实控制
	路基加筋
	轻质路堤
外部处治	地基处理
	支挡结构

续上表

分类	处治技术或方式
综合处治	设置分隔带
	完善排水系统
	过渡性路面
	内、外部综合处治

表 4.5.2-2　针对不同差异变形来源的处治技术及适用条件

新老路基差异变形的主要来源	处治技术	适用条件
新路基作用下地基的固结沉降	采取换填、抛石挤淤、复合地基等处理结合部地基，新路基采用泡沫轻质土材料	不良地质条件下的路基拓宽、高填路堤等
新老路基结合部结合强度不足	老路边坡覆土处理、台阶开挖、液压夯补强，结合部设置土工格栅等	老路边坡土受自然风化等作用，强度较低，新老路基拼接困难
新老路基的自身压缩变形	优选新路基填料，提高压实度，新路基采用泡沫轻质土	地质条件较好的路基拓宽
上述几种因素的组合	综合使用上述处治技术，同时考虑设置挡墙、采用路面辅助处治技术和完善排水系统等	各种不良地基、路基以及结合面条件

5 基于地基固结压缩变形的新老路基差异沉降计算方法

5.1 现状调查

5.1.1 为避免或减轻改扩建公路因路基拓宽引起的病害，须对既有公路路基的现状进行调查，包括断面测量、地物调查、水文和地质情况调查以及既有路基病害调查等内容，并对其进行评价。

5.1.2 既有路基调查应采取资料收集、现场调查和勘探试验相结合的方法。路基拓宽改建设计前，应收集既有公路的地基及路基勘察设计、竣工图和养护等方面的资料。软土地区尚应收集既有公路的沉降监测资料。

5.1.3 既有公路路基现状调查应包括以下内容：

1 断面测量：每隔 20m 测量一个既有路基的横断面，特殊路段需要加密。断面测量范围一般应超出现有路基占地范围以外 50m 以上，根据测量数据得到既有路基的断面形状、占地范围、路基以外的地形；原路基构造物(如挡土墙和水沟等)的测量，包括构造物平面坐标、高程、尺寸等。

2 地物调查：测量既有路基以外的建筑物的角点坐标，并在地形图中予以标注。

3 水文调查：收集沿线水系和水文资料，对天然水沟、河道的位置、走向、断面面积、水流方向等进行调查，作为设计排水系统的基础数据。

4 地质情况调查：调查既有路基以外一定范围内是否有软土地基、鱼塘、水库等。

5 既有路基病害调查：调查既有路基是否出现沉降、滑移、开裂等，构造物(如挡土墙)是否出现移位、开裂等病害。

5.1.4 现场调查应综合采用路况调查、无损检测和勘探试验等技术手段，判定既有路基及排水设施、防护与支挡结构的使用性能。现场调查应符合下列要求：

1 根据既有资料和路况调查结果，对既有路基进行分段测试与评价。

2 选择有代表性的路段，进行几何尺寸、动态弯沉、承载板等测试，确定路基回弹模量。各项测试应符合现行《公路路基路面现场测试规程》(JTG 3450)的有关规定。

3 应选择代表性断面及病害路段，对路面结构层、路基及地基土进行勘探试验，勘探深度和取样试验应符合现行《公路工程地质勘察规范》(JTG C20)的有关规定。

4 应调查既有路基支挡工程基础形式、地基地质条件和使用状况，必要时应对支挡工程地基进行勘探试验。

5 应对既有填方路堤和挖方路段路床土进行物理力学性质试验，确定路基土的含水率、饱和度、压实度、平均稠度、回弹模量、CBR(加利福尼亚承载比)值等。

5.1.5 既有路基的分析评价应包括下列内容：

1 根据调查、测量、试验和水文分析资料，确定既有路基高程能否满足路基设计洪水频率规定。

2 确定既有路基填料能否满足路基土最小 CBR 值和路基压实度的要求。

3 确定路基的平衡湿度，分析评价路基相对高度的合理性。

4 分析评价既有路基病害的类型、分布范围、规模、成因，以及既有路基病害整治工程设施的效果，并提出路基病害整治措施。

5.1.6 新老路基的调查内容包括地基条件调查及新填筑土体物理力学参数调查。具体内容包括：

1 地基条件调查通过钻探、原位测试和室内实验的方法测定软弱土层的深度、含水率、塑性指数、液性指数、孔隙比、压缩模量、剪切强度、渗透系数等指标，测定方法应符合现行《公路软土地基路堤设计与施工技术细则》(JTG/T D31-02)的规定。

2 路基填料调查内容包括新老路基土颗粒粒径、重度、密度、塑限、液限、含水率、黏聚力、内摩擦角、土基 CBR 值、回弹模量等。测试方法应符合现行《公路土工试验规程》(JTG 3430)的规定。

3 路面各结构层材料的设计参数包括各结构层材料的抗压回弹模量、泊松比、厚度、沥青混凝土和半刚性材料的抗拉强度等，测试方法应符合现行《公路沥青路面设计规范》(JTG D50)的规定。

5.2 新老路基差异沉降计算分析

5.2.1 根据调查结果，进行新老路基差异沉降计算分析，并对路面结构受力进行评估，以确定合理的处治参数。

5.2.2 新老路基差异沉降计算可采用实用计算方法与有限元计算方法。

5.3 新老路基差异沉降实用计算方法

5.3.1 新老路基差异沉降实用计算方法包括计算地基应力、分层总和法各计算点沉降、确定路基差异沉降量。

5.3.2 路基底部应力的确定方法：

1 新老路基以附加荷载的形式施加在地基和老路基上。从道路横断面来看，拓宽部分路基近似于平行四边形，因此可将其引起的附加荷载等效为梯形附加荷载进行计算(图5.3.2)。故根据布辛内斯克公式，以梯形荷载底边中点为原点建立坐标系，新老地基中任意一点的附加应力可由式(5.3.2-1)进行计算。

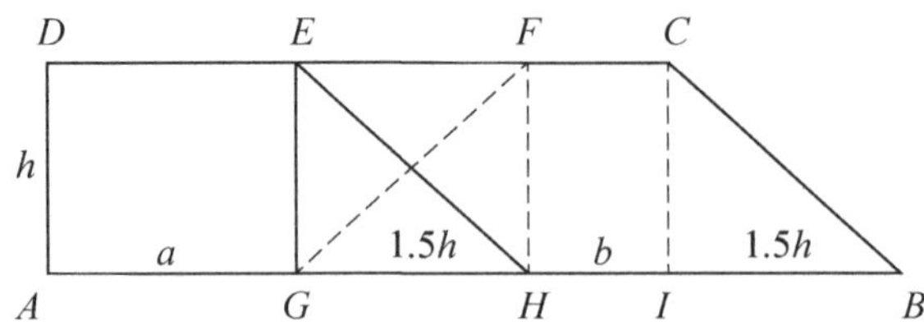

图5.3.2 新老路基等效荷载图

$$
\begin{aligned}
\sigma &= \sigma_{GHF} + \sigma_{HICF} + \sigma_{IBC} \\
&= K_{t1}^{z}\gamma h + K_{s2}^{z}\gamma h + K_{t3}^{z}\gamma h \\
&= (K_{t1}^{z} + K_{s2}^{z} + K_{t3}^{z})\gamma h
\end{aligned}
\tag{5.3.2-1}
$$

式中：σ——新老地基中任一点处的附加应力；

γ——路基土重度；

h——路堤填筑高度；

K_{t1}^{z}、K_{t3}^{z}——三角形分布荷载引起的附加应力系数；

K_{s2}^{z}——矩形分布荷载引起的附加应力系数。

各类型的分布荷载引起的附加应力系数可由式(5.3.2-2)计算。

$$
\begin{aligned}
K_{t1}^{z} &= \frac{1}{\pi}\left\{m_1\left[\arctan\left(\frac{m_1}{n_1}\right) - \arctan\left(\frac{m_1-1}{n_1}\right)\right] - \frac{(m_1-1)n_1}{(m_1-1)^2+n_1^2}\right\} \\
K_{s2}^{z} &= \frac{2}{\pi}\left[\tan^{-1}\left(\frac{m_2}{n_2}\right) - \tan^{-1}\left(\frac{m_2-1}{n_2}\right) + \frac{m_2 n_2}{m_2^2+n_2^2} - \frac{(m_2-1)n_2}{(m_2-1)^2+n_2^2}\right] \\
K_{t3}^{z} &= \frac{1}{\pi}\left\{m_3\left[\arctan\left(\frac{m_3}{n_3}\right) - \arctan\left(\frac{m_3-1}{n_3}\right)\right] - \frac{(m_3-1)n_3}{(m_3-1)^2+n_3^2}\right\}
\end{aligned}
\tag{5.3.2-2}
$$

式中：m_1，m_2，m_3，n_1，n_2，n_3——$m_1=\frac{x-a}{1.5h}$，$n_1=\frac{z}{1.5h}$，$m_2=\frac{x-a-1.5h}{b}$，$n_2=\frac{z}{b}$，$m_3=\frac{a+b+3h-x}{1.5h}$，$n_3=\frac{z}{1.5h}$；

x——计算点的横坐标；

z——计算点的深度。

2 在计算受到梯形分布的外力作用下地基中任意一点的附加应力时，若把梯形荷载等效为矩形荷载和两个三角形荷载进行求和，所求结果与实际情况相比会偏大。对计算方法进行修正，以矩形荷载底边中点为原点，得到梯形荷载作用下地基中任意一点附加应力，见式(5.3.2-3)：

$$\sigma=\frac{\gamma h}{\pi}\left\{\left[\tan^{-1}\frac{B-2x}{2z}+\tan^{-1}\frac{B+2x}{2z}-\frac{4Bz(4x^2-4z^2-B^2)}{(4x^2+4z^2-B^2)+16B^2z^2}\right]\right\}+$$
$$\left[\left(\frac{B-2x}{2hi}+1\right)\left(\tan^{-1}\frac{B-2x+2hi}{2z}-\tan^{-1}\frac{B-2x}{2z}\right)-\frac{2z(B-2x)}{(B-2x)^2+4z^2}\right]+$$
$$\left[\left(\frac{B+2x}{2hi}+1\right)\left(\tan^{-1}\frac{B+2x+2hi}{2z}-\tan^{-1}\frac{B+2x}{2z}\right)-\frac{2z(B+2x)}{(B+2x)^2+4z^2}\right] \quad (5.3.2\text{-}3)$$

式中：B——路堤顶面宽度；

i——路堤两侧边坡坡度。

5.3.3 计算新路基引起的附加沉降时，假定老地基已经完全固结，采用 e-p（孔隙比-土体压力变化）曲线法计算土层的最终沉降量。根据式（5.3.3-1）或（5.3.3-2）计算得到地基附加应力，选取附加应力最大和最小点，即新路基形心和老路中心位置作为计算点，两者之差即为新老地基最大差异沉降。具体如下：

1 根据计算得到的地基任意一点的竖向附加应力 σ_{Zi}，根据 e-p 曲线选取该点初始应力与附加应力之和，该点最终沉降量 S 的计算公式见式（5.3.3-1）。

$$S=\sum_{i=1}^{n}\frac{e_{oi}-e_{1i}}{1+e_{oi}}\Delta h_i \quad (5.3.3\text{-}1)$$

式中：n——地基分层层数；

Δh_i——地基第 i 层的分层厚度；

e_{oi}——地基中第 i 层中点在自重应力作用下稳定时的孔隙比；

e_{1i}——地基中第 i 层中点在自重应力和附加应力共同作用下稳定时的孔隙比。

2 工程中一般按竖向附加应力 σ_z 与自重应力 σ_s 之比确定有效压缩层厚度 δ_z，见式（5.3.3-2）。

$$\delta_z=m\sum_{i=1}^{n}\gamma_i h_i \quad (5.3.3\text{-}2)$$

式中：m——竖向附加应力 σ_z 与自重应力 σ_s 之比，一般黏性土取 0.2，软黏性土取 0.1；

γ_i——地基中第 i 层分层土体重度（kN/m^3）；

h_i——地基中第 i 层分层土体厚度（m）。

3 既有老路基经多年运营，在自重荷载和行车荷载的作用下，已基本完成固结沉降变形，其路基底部横断面沉降呈“两边小、中间大”的盆形曲线（图 5.3.3），最大沉降点位于老路路基中心线下方。

4 新老地基表面任意两点间的差异沉降 ΔS 可由式（5.3.3-3）进行计算：

$$\Delta S=S_A-S_B \quad (5.3.3\text{-}3)$$

式中：S_A——地基表面某点 A 的竖向沉降；

S_B——地基表面某点 B 的竖向沉降，S_A 和 S_B 均可由式（5.3.3-1）计算得出。

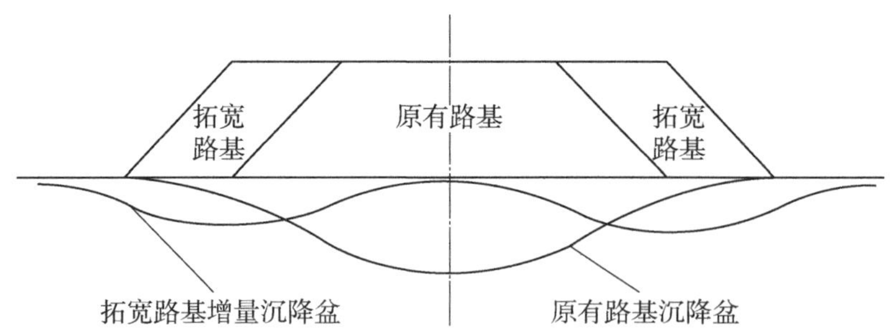

图 5.3.3　新老地基顶部横断面沉降曲线

5.3.4　新路基工后沉降量的计算方法为：

1　拓宽施工完成后，某点的工后沉降等于新路基引起的沉降与施工期内新老路基固结沉降之差，新路基工后沉降量 $S_{工后}$ 可由式(5.3.4-1)计算。

$$S_{工后}=(S-U_{t_1}S_{老})\times(1-U_{t_2}) \tag{5.3.4-1}$$

式中：S——路基拓宽后总沉降；

U_{t_1}——拓宽前老地基固结度；

$S_{老}$——老路基总沉降；

U_{t_2}——拓宽施工完成时新地基固结度。

2　本指南假定拓宽施工开始前，老路地基固结沉降已经全部完成。故式(5.3.4-1)中 $U_{t_1}=100\%$。新路基工后沉降量可简化为式(5.3.4-2)。

$$S_{工后}=S(1-U_{t_2}) \tag{5.3.4-2}$$

5.4　新老路基差异沉降有限元计算方法

5.4.1　新老路基差异沉降有限元计算方法，步骤包括建立数值计算模型、参数赋值、施加边界条件与荷载、有限元计算、数据分析。

5.4.2　新老路基分析模型的基本假定为：

1　按照平面应变问题进行考虑，进行二维有限元分析。

2　土体为弹塑性材料，采用修正的 D-P 模型或 M-C 模型进行模拟。

3　新老路基结合部接触条件为完全连续。

4　老路基和地基的初始应力场由老路基和地基的自重荷载产生。

5　边界条件如图 5.4.2 所示，地基底面两个方向均为约束，地基宽度外侧水平向约束，如双侧拓宽则进行对称性分析(路堤中心线处加对称约束)；地基宽度外侧及地表为透水边界，地基底面为不透水边界。

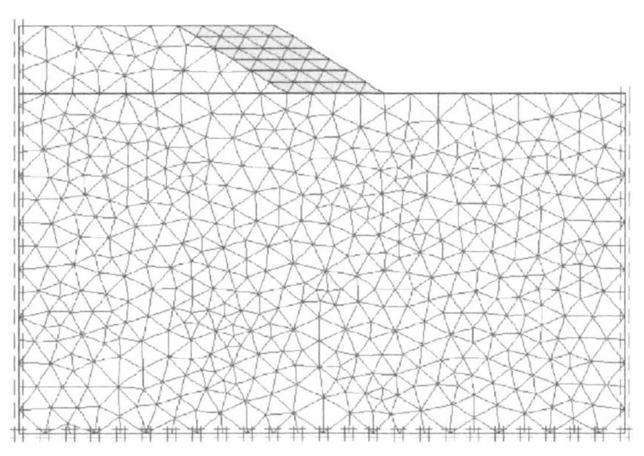

图 5.4.2　新老路基分析模型

5.4.3　选用双轮组单轴荷载 100kN 作为标准轴载。其他设计参数为：双轮组轮载为 50kN，轮胎接触路面的压强为 0.70MPa，接触面积的当量圆直径为 21.3cm，双轮的中心距为 31.95cm(1.5 倍当量圆直径)。不同轴载的作用次数按相应的路面损坏等效原则换算成标准轴载的作用次数。

5.4.4　新老路基模型计算流程为：

1　将新老路基单元设为空单元，对地基部分施加重力，实现地基自身重力作用下的地应力平衡。

2　将老路堤转化为实体单元，施加重力，得到老路基自重荷载作用下的应力场。

3　对路基与地基进行初始位移清零，实现在老路基和地基重力作用下的地应力平衡。

4　模拟施工工程，当拓宽到某一层时将该单元转化为实单元，并施加重力，每步按照增量迭代法计算，得到施工结束后路堤顶面的沉降。

5　计算施工完成后路堤顶面的沉降。

6　整理沉降数据。新路基部分的不协调变形为新路堤荷载作用下的路堤顶面工后沉降，老路基部分的不协调变形则按照老路基路面的利用原则进行整理。

5.5　路面结构分析

5.5.1　新老路基顶面不协调变形引起的路面结构附加应力的计算采用有限元法。如图 5.5.1 所示，分析路面结构对不协调变形的力学响应时采用三层体系，即面层、基层和底基层。

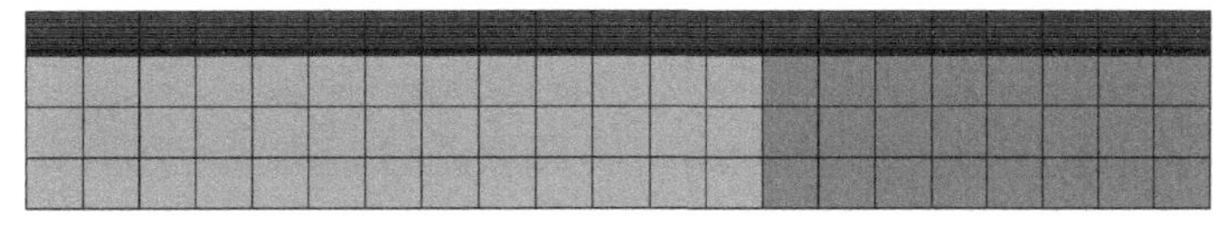

图 5.5.1　路面结构分析模型

5.5.2 计算中采用如下假定：

1 路面各结构层为连续均质、各向同性的线弹性材料，力学特性用弹性模量 E 和泊松比 μ 表征，常用参数如表 5.5.2 所示。

表 5.5.2 典型路面结构和材料参数

层位		材料名称	厚度(cm)	动弹性模量(MPa)	泊松比	重度(kN/m^3)
路面结构层	上面层	SMA-13	4	12000	0.25	22
	中面层	AC-20	6	11000	0.25	23
	下面层	AC-25	8	12000	0.25	24
	基层	水泥碎石	32	6000	0.25	26
	底基层	水泥土	10	3000	0.25	15

2 路面各结构层在垂直方向完全连续，层间不会出现脱空现象；沥青面层和基层、基层和底基层之间接触条件为完全连续，底基层和地基之间为光滑接触条件。

3 如图 5.5.2 所示，边界条件为在底基层底面竖直方向直接施加不协调变形，变形量由前述差异沉降实用计算方法或有限元计算方法得到。

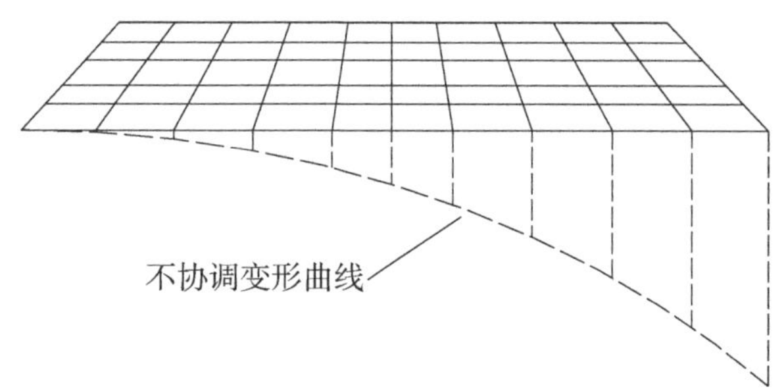

图 5.5.2 平面有限元分析网格划分示意图

5.6 新老路基差异沉降控制标准

5.6.1 路面结构附加应力是由新老路基不协调变形引起的，表征这种不协调变形的指标是新老路基顶面的变坡率，即设计使用年限内路基顶面单位宽度内的横向坡度改变量。依据现行《公路路基设计规范》(JTG D30)，既有路基与新老路基的路拱横坡度的工后沉降增大值不应大于 0.5%。

5.6.2 新老路面结合部弯拉开裂对应的设计状态为：

1 不协调变形引起的结合部路面基层顶面结构附加应力>结合部路面基层弯拉强度(基层顶面受拉)。

2　不协调变形引起的结构底面附加应力+结构底面荷载应力>基层弯拉强度（基层底面受拉）。

3　老路基层顶面开裂对应的设计状态为：路基变形引起的老路基层顶面结构附加应力>老路基层弯拉强度。

4　新（老）路基层底面开裂对应的设计状态为：结构底面附加应力+结构底面荷载应力>基层弯拉强度。

6 高速液压夯实机特性及参数

6.0.1 高速液压夯实机是现代机械学与机电液技术相结合的土工机械(图 6.0.1-1)，通过将冲击能转换为压力能，可以在不破坏成形路基结构及邻近构造物的前提下增大土体的密度和均匀度，也能对软弱土体进行剪切置换，影响深度可达 1～10m。高速液压夯实技术在公路工程中的路基补强、新老路基、地基处理、“三背”回填等领域得到广泛应用(图 6.0.1-2)。

图 6.0.1-1 高速液压夯实机

a)地基处理

b)路基补强

c)路基拓宽

d)分层路基

图 6.0.1-2

e)台背回填

f)涵洞背回填

图 6.0.1-2　高速液压夯实技术在公路工程中的应用场景

6.0.2　高速液压夯实机的液压系统主要由液压电动机、液压泵、油缸、油路和电气控制系统组成。其中，液压电动机是系统的动力源，能够提供高速旋转的动力；液压泵是将机械能转化为液压能的关键部件；油缸是执行机构，通过油路的控制可以实现伸缩动作；电气控制系统负责整个系统的控制和调节。

1　高速液压夯实机的动力源是柴油机，柴油机带动液压泵转动，将机械能转化为液压能。液压泵将液压油通过油路输送到液压电动机中，液压电动机再将液压能转化为机械能，驱动夯实机的夯实机构进行动作。

2　高速液压夯实机的液压回路包括进油路和回油路。在进油路中，液压油从油箱通过滤油器进入液压泵，然后进入油缸，推动活塞运动，实现夯实机构的升降动作。在回油路中，液压油从油缸通过背压阀和滤油器返回油箱。

3　高速液压夯实机的电气控制系统主要控制液压系统的油路和夯实机构的动作。在电气控制系统中，控制器根据操作要求发出控制信号，通过电磁阀控制油路的通断和流向，从而实现夯实机构的动作控制。控制器还可以实时监测夯实机的运行状态，保证作业的安全性和稳定性。

4　高速液压夯实机的夯实机构主要由夯板、支撑架和导向柱等部件组成。夯板是直接与地面接触的部件，其下方装有缓冲减振器，可以减轻作业过程中对地面的冲击。支撑架将夯板支撑在导向柱上，导向柱是与支撑架和车架连接的关键部件。在液压油的作用下，夯板在支撑架上实现升降动作，实现地面的夯实作业，高速液压夯工作的机械原理见图 6.0.2。

6.0.3　高速液压夯实机的加固原理如图 6.0.3 所示，液压缸将夯锤提升至一定高度后释放，夯锤在重力和液压蓄能器的共同作用下加速下落，冲击地面上带缓冲垫的夯脚，再通过夯脚夯击地面，实现对路基的夯实。待处治工作面在高速液压夯实机重力及液压力作用之下通过夯锤下落得到夯实，同时使用液压装备使夯锤进行快速下落及重复上升的机械运动，在装载机或者挖掘机配套装置的牵引下，夯实设备能够快速更换夯实位置，对路基结合部灵活地进行压实作业，最大程度减少结合部的沉降，提高路基整体施工质量。

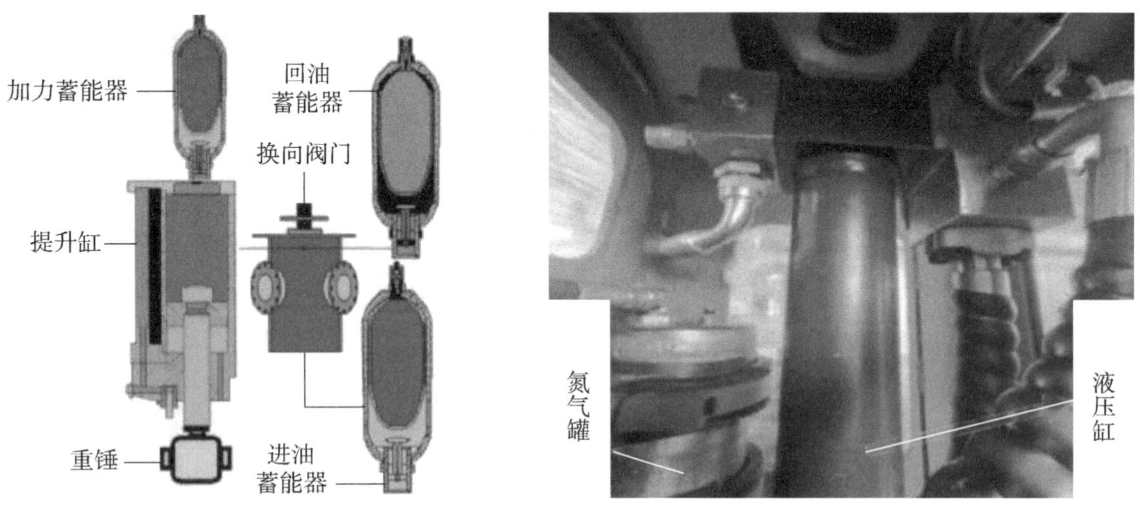

图 6.0.2　高速液压夯实机机械原理图

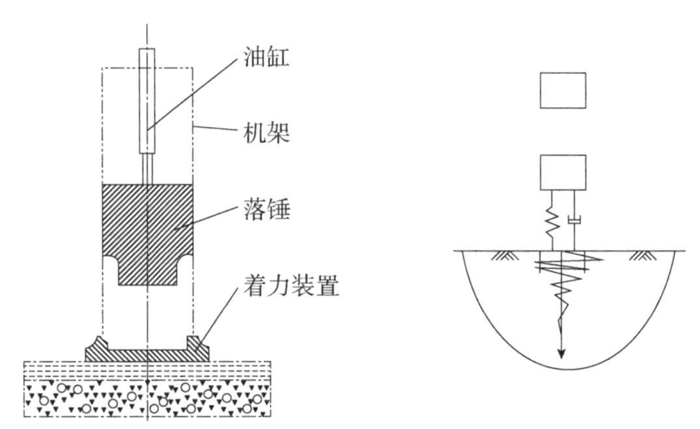

a)高速液压夯实机工作原理　　b)高速液压夯实机与土壤的力学模型

图 6.0.3　高速液压夯实机加固原理图

6.0.4　高速液压夯技术具有机动性良好、可按照实际需求灵活调整夯击能等优势，非常适合在工作空间狭小、局部高填、桥台背、涵侧回填等情况下进行夯实作业，其工作特点主要包括如下方面：

1　高效性：高速液压夯实机具有高效的工作特点，其夯实效率高，能够在短时间内完成大面积的夯实作业。

2　可靠性：高速液压夯实机的液压系统采用了先进的密封技术和高质量的元件，能够保证系统的稳定性和可靠性。同时，电气控制系统能够实时监测夯实机的运行状态，及时发现并处理故障，保证作业的安全性。

3　节能性：高速液压夯实机采用了先进的液压系统和高效的柴油机，能够实现能量的高效利用和转化，具有节能环保的特点。

4 适用性：高速液压夯实机适用于各种类型的土壤和工程地质条件，可以对地面进行大面积的夯实作业，提高地面的密实度和承载能力。

6.0.5 现有高速液压夯实机主要性能及参数见表6.0.5。

表6.0.5 高速液压夯实机主要性能及参数

项目		额定冲击能量(kJ)	锤体质量(t)	锤体行程(mm)	锤击频率(min^{-1})	标配夯板直径(mm)	工作质量(t)	外形尺寸(mm)		
								长	宽	高
微型	HC04	4	0.5	200~800	30~80	560	1.3	810	560	2450
	HC08	7	0.8			560	1.7	810	560	2450
小型	HC12	12	1.2	200~1000		630	2.7	1030	630	3230
	HC16	16	1.6			630	3.1	1030	630	3230
	HC20	20	2.0			630	3.6	1030	630	3510
中型	HC36	36	3.0	200~1200	30~80	1000	5.8	1480	1420	3730
	HC42	42	3.5			1000	6.3	1480	1420	3730
	HC60	60	5.0			1000	8.8	1400	1500	4900
重型	HC84	84	7.0	1500		1250	11.9	1400	1500	4900
	HC150	150	10.0			1250	16.5	1638	1730	6300
	HC180	180	10.0			1250	21.5	1638	1730	6800

7 高速液压夯处治拓宽地基技术参数

7.0.1 高速液压夯处治新老路基差异沉降时，应根据被加固土的类别、厚度及新老路基工后沉降、新路基下地基承载力要求确定技术参数，设计夯实后的地基承载力特征值和有效加固深度。

7.0.2 高速液压夯处治新老路基设计方案宜按照图7.0.2所示流程确定。

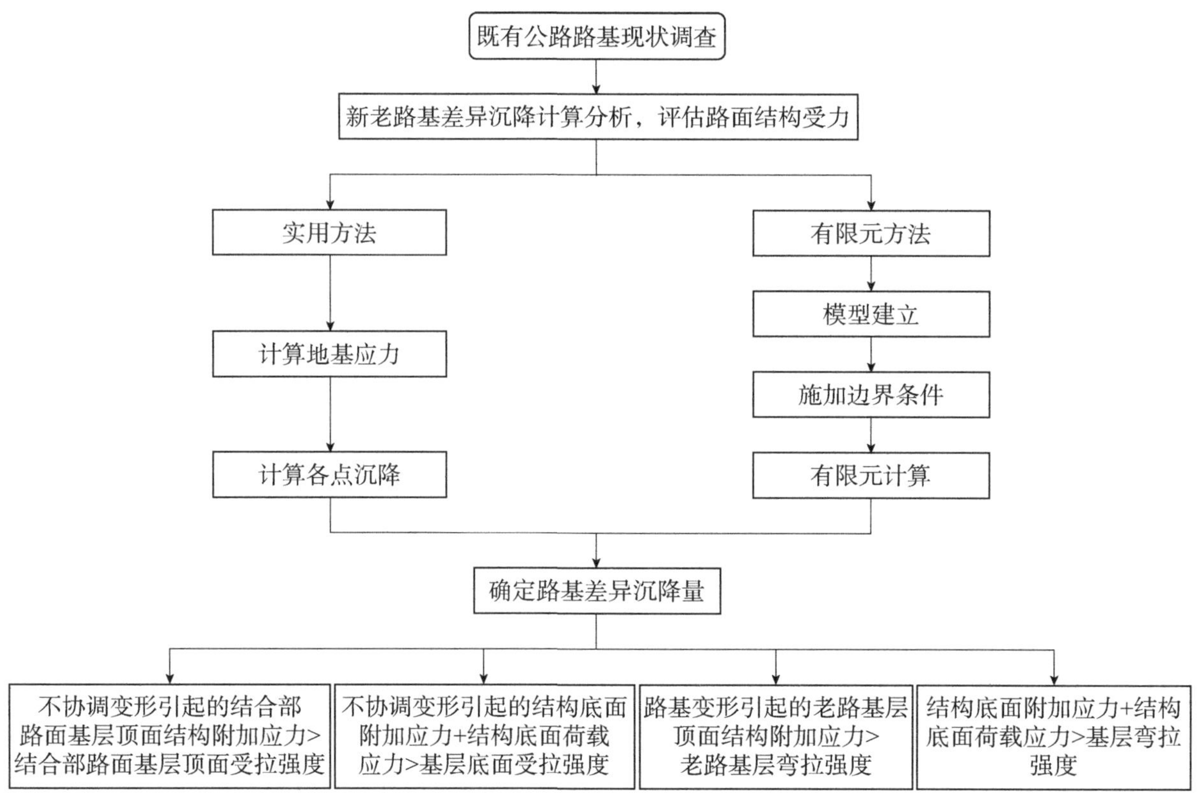

图7.0.2 新老路基差异沉降处治方案设计流程

7.0.3 高速液压夯处治新老路基下地基时，技术参数应通过试验段确定，并应满足如下要求：

1 高速液压夯点夯能量应根据有效加固深度确定，满夯能量应不低于点夯能量的1/2。

2 夯击次数应通过试夯确定，单夯点累计夯击次数不宜少于30击。

3 夯击点位置可采用等边三角形或正方形布置。

4 夯间距宜为锤脚直径的1.5~2.0倍，轻型能级夯间距宜取小值，重型能级间距宜取大值。

7.0.4 高速液压夯实处理范围应大于路基拓宽范围，超出坡脚的宽度宜为设计处理深度的1/2~1/3，且不应小于3m；对于可液化地基，处理宽度不应小于5m；对于湿陷性黄土地基，应符合现行《湿陷性黄土地区建筑标准》(GB 50025)的有关规定。

7.0.5 高速液压夯有效加固深度的判定方法如下：

1 如图7.0.5所示，将 $\sigma_z/\sigma_c \leqslant 0.2$ 作为高速液压夯有效影响深度的判别标准，即取超孔隙水压力为自重应力的20%的深度作为有效影响深度的临界值。以该交点为界，将高速液压夯加固地基划分为扰动区和下卧层，以应力沿竖向传播曲线的拐点为界，将高速液压夯加固地基划分为强扰动区、弱扰动区。

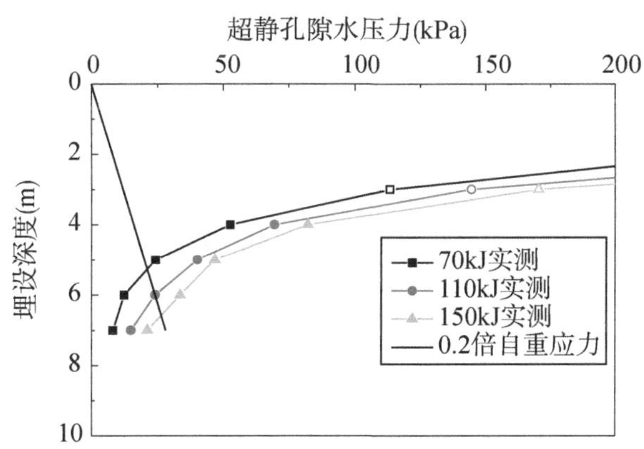

图7.0.5 不同夯击能单击有效影响深度判定曲线

2 应力沿竖向变化曲线存在明显拐点，拐点以上土体应力值较大，土体得到扰动、重塑，加固效果较好，可视为强扰动区。拐点以下区域土体应力值较小，土体受到的扰动较轻，加固效果相对较差，为弱扰动区。

7.0.6 高速液压夯处治地基有效加固范围宜按照如下方法确定：

1 高速液压夯处治地基的有效加固深度，应根据现场试夯或地区经验确定，在缺少资料或经验时，可按表7.0.6预估。

表7.0.6 高速液压夯处治地基的有效加固深度预估值

单击夯击能 E(kJ)	填土地基(碎石填土、杂填土、素填土、砂土等)	天然地基(粉土、一般性黏土、湿陷性黄土等)
E<36	1.5~2.0	1.2~1.5
36≤E<70	2.0~5.0	1.5~4.5
70≤E<110	5.0~6.0	4.5~5.5
110≤E<150	6.0~7.0	5.5~6.5

2 高速液压夯有效径向影响半径为1.4~1.8m。

7.0.7 高速液压夯安全施工范围为：

1 邻近既有构筑物时，夯点应距离构筑物至少25m。

2 邻近既有路基时，宜按照地下水位进行如下划分：地下水位小于3m时，单击夯击能宜不超过150kJ、累积夯击次数宜不多于60击；地下水位大于或等于3m时，单击夯击能宜不超过110kJ、累积夯击次数宜不多于40击。

7.0.8 采用液压夯技术对新老路基进行设计和施工时应注意如下事项：

1 加强新地基处治。对新地基采用液压夯技术进行处治，保证地基承载力达到要求，避免新地基在附加应力的作用下产生较大的工后沉降变形，造成新老路基差异沉降。

2 保证新路基压实度和质量。避免在施工过程中松铺厚度过大、碾压遍数不足或压路机质量偏小导致新路基压实度不足，对于类似问题可采用液压夯进行补夯，防止扩建工程完工后新路基在自重应力和车辆荷载的作用下发生较大的塑性变形。

3 当施工振动对邻近建(构)筑物、精密仪器、设备以及施工中的工程结构等产生影响时，应评估振动对周边环境的影响程度，明确施工安全距离和减振措施，必要时应设置监测点。

4 采用高速液压夯实机处理地基，必须通过现场试验确定其适用性和处理效果，并根据试夯结果优化施工方案。试夯区面积应根据场地的复杂程度、建筑规模及建筑类型确定，试夯区应具有代表性，其面积不宜小于$100m^2$。

5 对于饱和黏性土，宜铺填一定厚度的粗颗粒材料或采用夯坑内填料的方法施工。

6 地下水位较高时，应采取降低地下水位的措施，地下水位应比起夯面低至少1.5m。

8 高速液压夯处治新老路基现场试验

8.1 现场试验

8.1.1 高速液压夯处治新老路基正式施工前，应进行现场试验，确定合理的技术参数，验证处治效果。

8.2 试验准备

8.2.1 应明确试验方法，配备试验仪器和专业人员。试验仪器为：平板载荷仪 1 套、土工试验仪器 1 套。专职试验员不少于 2 名，经培训合格并熟知路基检测工艺。

8.2.2 质量控制应采用"定人、定位"的原则进行检测。"定人"指的是同一种检测方法始终由同一试验员进行操作；"定位"指的是检测点位相对固定。

8.3 夯击方案

8.3.1 测定不同夯击能、不同夯击次数、不同夯板直径等工艺参数的加固效果时，应设计单点夯试验、多点夯试验和满夯试验等多种试验方式进行对比。

8.3.2 单点夯试验用于确定高速液压夯的夯击次数、布置间距和止夯标准。多点夯试验用于确定高速液压夯的布置形式。满夯试验用于确定高速液压夯满夯夯击次数。

8.3.3 夯点布置及分区可参照图 8.3.3。

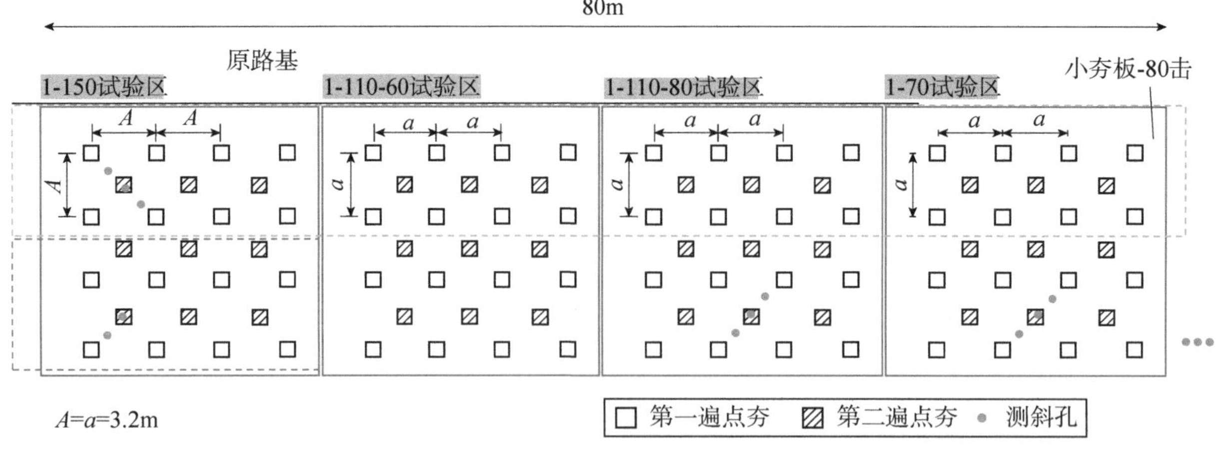

a)工况1(不同夯击能工艺试验)

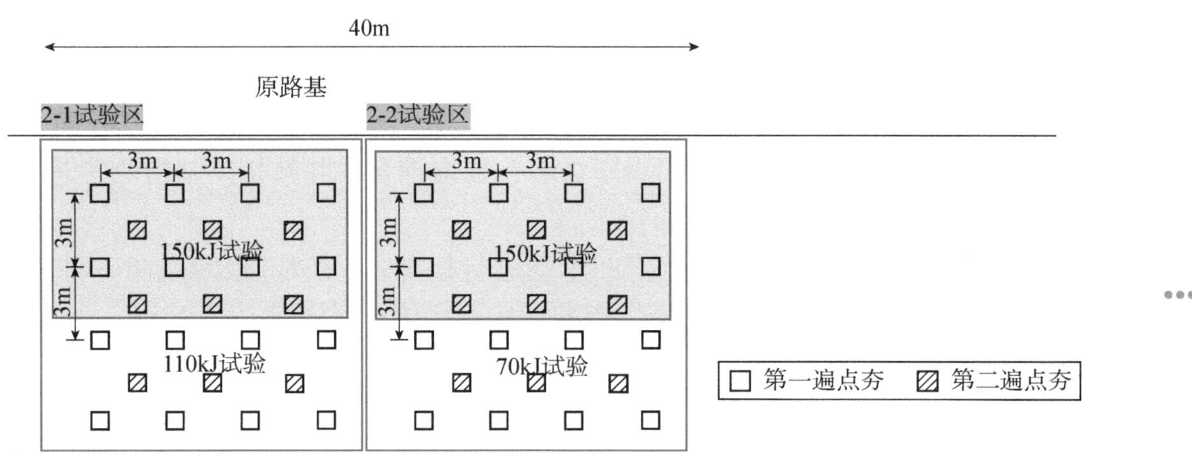

b)工况2(不同能级组合加固试验)

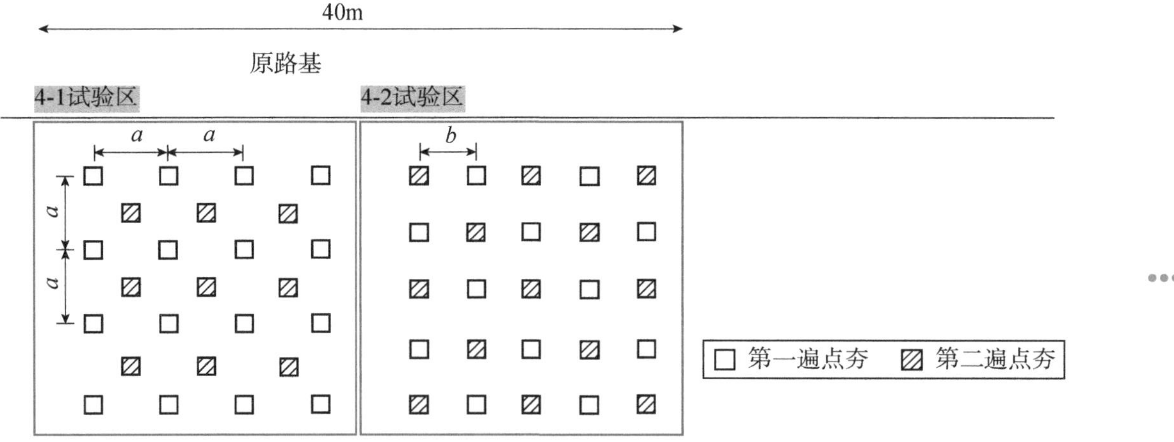

c)工况3(不同布置形式试验)

图 8.3.3　高速液压夯施工工艺现场试验平面布置

8.4 监测仪器埋设

8.4.1 渗压计的埋设

1 夯击试验前，当地下水位高于 3m 时，宜按照试验平面布置图进行现场钻孔。埋设孔隙水压力计，用来监测夯击试验过程中地基内孔隙水压力变化，渗压计沿深度埋设位置如图 8.4.1-1 所示。埋设孔隙水压力计前，要用砂和棉布将孔压计的透水石部分包起来，避免孔内黏土堵塞透水石，并在清水中浸泡 0.5h，使孔压计充分浸泡，如图 8.4.1-2 所示。

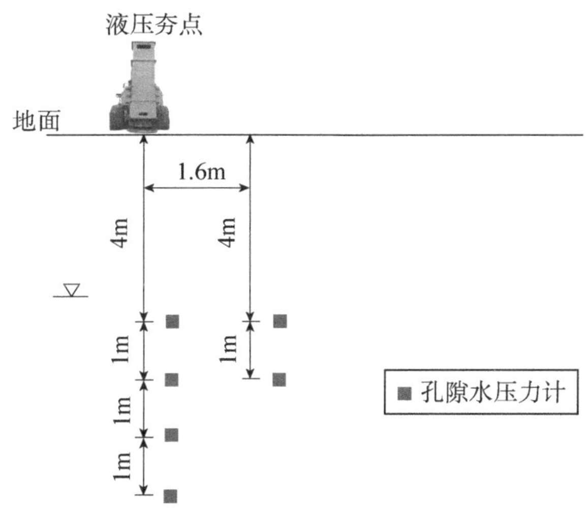

图 8.4.1-1 现场试验孔隙水压力计布置

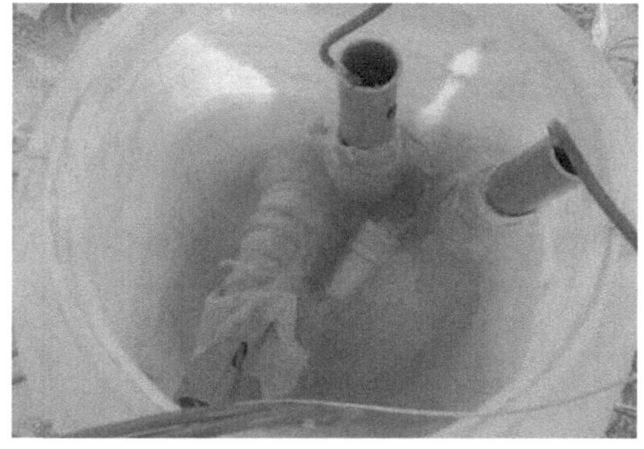

图 8.4.1-2 孔隙水压力计保护处理

2 埋设孔隙水压力计时，应注意控制埋设深度，每埋设完成一个孔隙水压力计后立即用膨润土球封孔，避免不同深度的孔隙水压力发生串孔而影响试验结果。孔隙水压力计的测线走向尽量选在两夯点之间，避免夯击时损坏测线。

8.4.2 振动影响测点

1 振动测试时，应在老路基坡脚、老路基坡中和路肩位置以及构筑物顶部分别布置加速度传感器测点，在同一测点位置分别进行水平振动加速度与竖向振动加速度的现场监测，如图 8.4.2 所示。

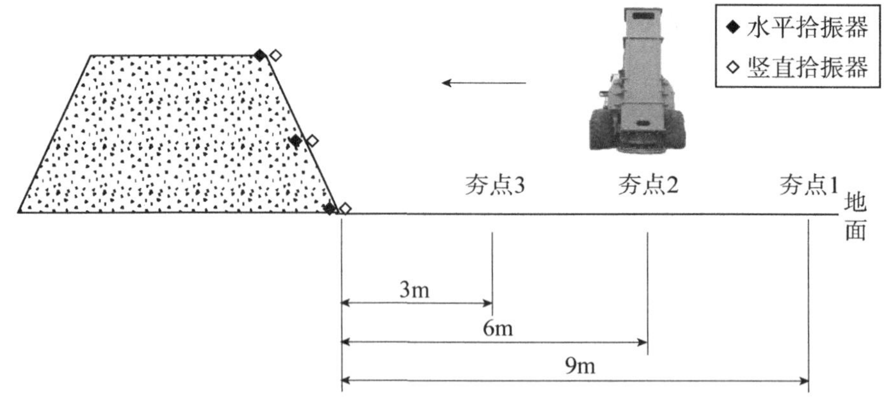

图 8.4.2　振动影响测点布置图

2　测振系统由动态采集仪、拾振器、计算机及电缆组成。动态采集仪用于对振动加速度信号的采集与分析；配套传感器用于对夯击表面波振动激励的拾取。地面振动测试前，进行初始化平衡，并在夯击落锤前 30s 开始采样，测试过程中连续采集数据。

8.5　夯击试验过程

8.5.1　试验过程为：整平至起夯面高程→机械进场→测量放线→进行夯点施工→点夯完成后推平夯坑、场地整平→满夯施工→测量夯后高程→夯后地基检测。

8.5.2　测量放线前需确定液压夯实各区的位置，清理平整场地。测量放线应满足以下要求：

1　整个施工场区的测量、定位及高程控制以建设单位提供的有关测量依据为准。

2　所用测量仪器应经计量检验合格并定期检验确保精度。测量基准点须定期与建设单位提供的基准点核对，确认后方可使用。

3　工程定位测量放线由专业人员施放，复核无误后交项目经理部质量负责人核查。

8.5.3　施放夯点，要求夯点放线偏差不大于 5cm，用白灰标识，并在图纸上对夯点进行编号。

8.5.4　使液压夯机就位，锤中心对准夯点位置，要求对点偏差不大于 15cm，测量并记录夯实前场地高程。

8.5.5　对测试场地进行液压夯击试验，按设计的施工能量调整夯击击数，查看下沉量，以总夯击次数为40~80次或最后3击平均夯沉量小于4cm为止夯标准。

8.5.6 单个夯点满足夯击标准后，将夯实机移至下一夯点，重复前述步骤，直至完成点夯施工。多点夯试验时采用直线作业方法，每次作业分左、中、右三点，再进行下一排三点施工，直至完成全部作业区。

8.5.7 用小能量进行满夯(点夯能量的1/2)，满夯完成后就地整平。

8.5.8 满足规定间歇时间后，进行地基检测。

8.6 现场施工过程监测

8.6.1 沉降量监测

1 定点沉降量的检测包括液压夯击前及每夯击3锤的高程，直至夯击结束。

2 液压高速夯实机压实基底处理，以最后3锤与其前3锤的相对夯沉量差值不大于10mm为控制标准。

3 满夯结束时，应监测夯击前后地面的平均沉降量。

8.6.2 压实度监测

1 基底夯实处理，当最后3锤与其前3锤的相对夯沉量差值不大于10mm时，需检测地面以下1m深度范围内的压实系数，夯实面下1m深度范围内的压实系数不低于0.92。

2 各高速液压夯实机压实夯点均需进行检测工作。若检测结果达不到设计要求，应采取补夯措施，直至达到设计要求为止。

8.6.3 孔隙水压力监测

1 应采用测频仪随时监测夯击过程中的夯沉孔隙水压力变化。夯击完成后继续对孔隙水压力计进行读数并记录，直至读数稳定。

2 夯击①、②、③点位时，监测1号、2号孔位数据变化；夯击④、⑤、⑥点位时，监测3号、4号孔位数据变化；夯击⑦、⑧、⑨点位时，监测5号、6号孔位数据变化。

3 为了得到完整的液压夯试验数据以便分析加固效果、确定最佳施工参数，施工监测工作应贯穿夯击试验的整个过程。

8.6.4 动应力监测

1 应在老路基坡脚、坡中、路肩位置及邻近构筑物的顶部分别布置加速度测点，在同一测点位置分别进行水平振动加速度与竖向振动加速度的现场监测，利用传感器拾取夯击表面波振动激励，利用动态采集仪采集与分析振动加速度信号。

2 地面振动测试前，应进行初始化平衡，并在夯击落锤前 30s 开始采样，采集过程中连续采集数据。

8.7 加固效果检验

8.7.1 土体密实度检测

1 夯前及夯后，钻孔取芯，进行室内土工试验。

2 对于砂土，检测其颗粒级配、相对密度、天然含水率、密度、最大密度和最小密度。

3 对于粉土，检测其颗粒级配、液限、塑限、相对密度、天然含水率、密度、压缩固结试验和抗剪强度试验结果。

4 对于黏性土，检测液限、塑限、相对密度、天然含水率、密度、压缩固结试验和抗剪强度试验结果。对湿陷性黄土，尚应做湿陷性试验。

8.7.2 地基承载力原位测试

1 高速液压夯施工完毕后，应间隔 7～14d 对地基质量进行检验，包括标准贯入试验和浅层平板载荷试验。不同试验点位置应错开 1m，试验深度为 20m，每个试验分区应设置 3 个检测点。

2 可采用静力触探、标准贯入试验等原位测试方法。对于重要工程，应开展现场压板载荷试验并作为检验结论的主要依据。标准贯入试验适用于砂土、粉土及黏性土。静力触探试验适用于黏性土、粉土及砂土。载荷试验适用于碎石土、砂土、粉土、黏性土和人工填土。当用于检验夯击置换法处理的地基时，宜采用压板面积较大的复合地基载荷试验。

3 现场浅层平板载荷试验加荷分 8 级，最大加载量不应小于设计要求的 2 倍。

4 每级加载后，按间隔 10min、10min、10min、15min、15min，以后为每隔 0.5h 测读一次沉降量。当连续 2h 内沉降量小于 0.1mm/h 时，则认为已趋稳定，可加下一级荷载。

8.7.3 综合上述检测检验结果，形成高速液压夯现场试验报告，对高速液压夯的应用可行性、技术参数及加固效果进行总结，用于指导正式施工。

9 高速液压夯处治新老路基技术要求

9.1 夯点布置

9.1.1 利用高速液压夯处治新老路基下地基时，夯点应沿横向分 2~3 个区域进行布设，每个区域宽 20m，夯击前应按照第 8.5 节中的要求对场地进行处理。

9.1.2 当采用 150kJ 能量按照 2.1m 的夯间距进行夯击时，夯间距较小，不具备插点夯击条件。建议实际施工选用 150kJ 能量时，夯间距设置为 2.1m，并采用一遍夯击的形式。

9.2 夯击能设计

9.2.1 考虑设备性能、施工效率及施工经济性，70kJ、110kJ、150kJ 工况最优夯击次数分别为 80 击、60~80 击、50~60 击。

9.2.2 夯击边沟时，优选 150kJ 能量或 110kJ 能量，夯击次数取大值。

9.3 处治新老路基结合部技术要求

9.3.1 利用高速液压夯处治新老路基结合部现场施工时，靠近原路基一侧布设两排 150kJ 能量夯点，夯间距为 2.1m，远离路基一侧布设一排 110kJ 能量夯点。

9.3.2 110kJ、150kJ 能量工况下，最优夯击次数分别为 60~80 击、50~60 击。夯击原路基边沟时，夯击次数取大值，满夯夯击次数为 8 击。

9.4 处治结构物台背、桥涵技术要求

9.4.1 施工准备

1 施工准备流程为：人员准备→技术交底→安全交底→机械准备→台阶开挖→台背回填前碾压。

2　台背回填土应采用符合设计及规范要求的路基填筑土，按照规范要求分层填筑并使用32t以上压路机碾压。液限大于50%，塑性指数大于26，含水率不适宜直接压实的细粒土不得直接作为台背回填料。

9.4.2　分层填筑碾压

1　碾压施工时应严格按监理单位批复的台背回填施工组织报告所明确的填料粒径、最佳含水率、松铺厚度、施工机械配置、碾压遍数等工艺参数和要求组织施工。

2　填土松铺厚度以30~50cm为宜，保证一层填土压实厚度为15cm左右。

9.4.3　夯击范围

1　平面夯击范围应按设计图纸要求确定(涵台台背回填范围)。对于填方段盖板涵，底面为基础顶面内缘1m按1:1坡率放坡至涵墙身顶面区域。圆管涵填土长度为每侧不小于1倍孔径，高度为不小于1倍孔径加2倍孔壁厚度。夯锤边缘至结构物最小距离为30cm。用石灰标注夯击范围。

2　竖向夯击时应选择填厚80cm、120cm、160cm、200cm对应高程处分别进行液压夯实，按试验结果确定的技术指标选定最终的夯实平均层厚。单点夯击2遍(3次/遍)，冲程为120cm。

3　进行公路改扩建施工时，夯击作业点的布置应使夯实机底座边缘接触(图9.4.3)。

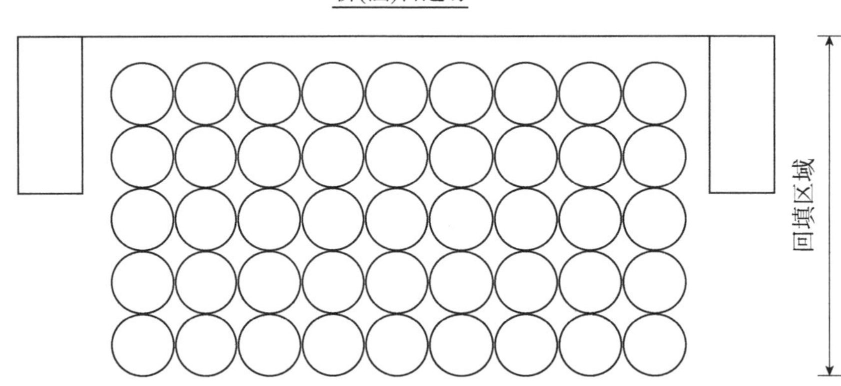

图9.4.3　夯击作业点布置

9.4.4　注意事项

1　从墙身往远离台背处夯击，从两侧往中间夯击，从低位处往高位处夯击。

2　高速液压夯实机工作时，为保证填层边部的安全性，作业点夯锤外缘至桥涵结构物最小距离应不小于30cm，至台背最小距离为10cm。

3　横向结构物顶部填土厚度不足3.0m时禁止夯实作业。填层表面干燥时应适量洒水，防止表面粉尘化而影响能量向深层传递。

9.5 施工流程

9.5.1 使用高速液压夯技术进行地基处理的施工流程见图 9.5.1。

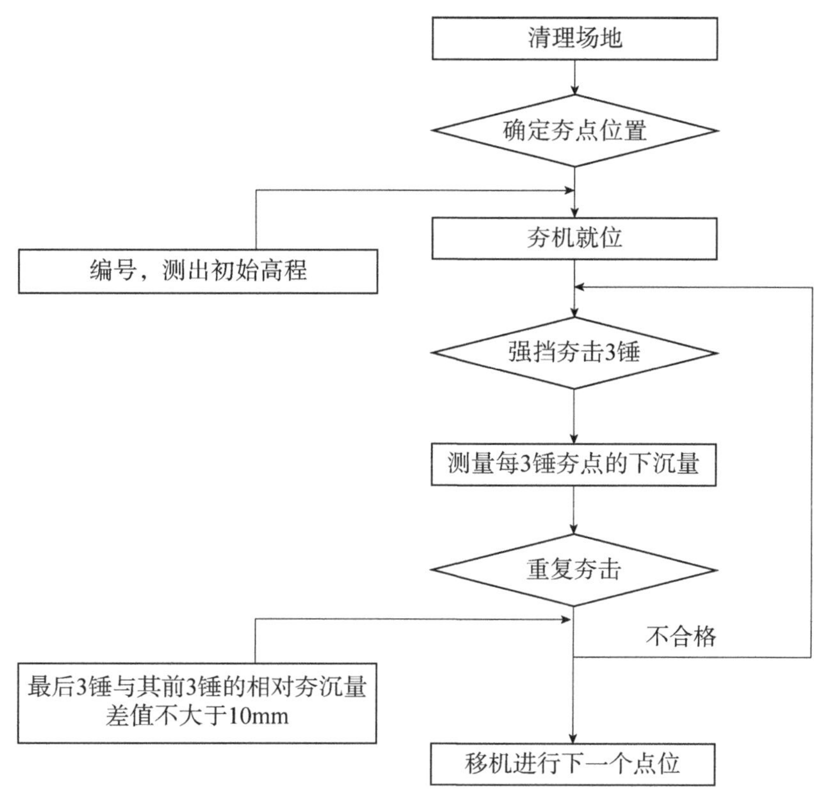

图 9.5.1 高速液压夯地基处理施工流程图

9.6 施工准备

9.6.1 根据施工作业方案的要求，配备相应的人员及机械设备，并提前进场。

9.6.2 作业人员经培训符合要求后方可上岗。作业人员配备见表 9.6.2。

表 9.6.2 作业人员配备表

序号	职务或工种	人数	职责
1	总工程师	1	技术总负责
2	工区副经理	1	现场施工指挥、资源组织与协调
3	试验员	3	负责现场试验
4	安质员	2	负责现场安全、质量
5	技术员	1	负责现场技术

续上表

序号	职务或工种	人数	职责
6	测量员	2	负责现场测量
7	机械作业人员	8	操作机械
8	辅助工人	1	画点、做标识、规范作业方法

9.6.3 应明确采用的施工机械的规格及性能，夯实机械夯实的次数、夯击强度等参数，确定质量检测方法及评价标准。施工设备配置以需要的生产能力为目标，应本着“各种设备之间能力协调、经济合理”的原则，主要施工机械设备配备可参考表9.6.3。机械设备经检查验收后，方可进场作业。

表9.6.3　主要施工机械设备表

序号	设备名称	规格及型号	单位	数量	备注
1	挖掘机	907B/921C	台	2	—
2	推土机	PD140-2	台	1	—
3	平地机	PY165C-5	辆	1	—
4	高速液压夯实机	THC36	台	1	36kJ
5	自卸汽车	20T	台	6	—
6	洒水车	8T	台	1	—
7	测量仪器	—	套	1	—
8	土工试验仪器	—	套	1	—
9	平板荷载试验仪	K-30	套	1	—

9.6.4 场地平整

1　夯击路基前，应先完成场地平整。

2　夯击路基前，必须检验压实标准、平整度等，检测合格后方可布设高速液压夯实点。

9.6.5 技术准备

1　测量人员在已施工完并按设计要求的压实标准检测合格的路基上放出夯点并编号，测出每一点的初始高程。

2　按工艺试验段实施方案，贯彻“责任到人”原则，认真学习技术规范及要求。及时向监理报检，经同意后才能进行下一步施工。

9.7 关键工序的施工技术控制措施

9.7.1 放线结束后，液压夯实机就位，竖直锤头，复验夯点位置，夯锤就位要准确，中心位移不得大于15cm。

9.7.2 施工中应注意锤击的声音和夯沉量的变化，有异常应立即停工，会同有关人员查明情况，研究并提出处理意见后再行施工，并做好隐蔽工程记录。对于特别软的区域，应及时通知监理和甲方，出具处理意见，以保证夯实效果。

9.7.3 施工中应满足锤击数的要求。根据现场情况，可在经技术负责人或项目经理同意后适当增加锤击数。严禁班组私自更改锤击数。

9.7.4 开挖过程中应控制高程，并注意观察夯坑土质成分。如与勘察报告不符，应及时通知监理和甲方。

9.7.5 高速液压夯实机工作时，作业点夯锤外缘至桥、涵结构物最小距离应不小于30cm，防止损坏填层边部。

9.7.6 横向结构物顶部填土厚度不大于2.0m范围内，禁止夯实作业。

9.7.7 填层表面干燥时，应适量洒水，防止表面粉尘化而影响能量向深层传递。

9.7.8 桥背、涵背应按照要求对称分层填筑，一般松铺厚度控制在0.2m左右。严格控制填料含水率，以压实后没有明显轮迹和平整度符合要求为合格。

9.7.9 每填筑3层，应使用液压夯实机补强一次，夯锤边缘至结构物最小距离为50cm，夯点与夯点基本紧靠。夯击顺序为：由内侧往外侧、一端向另一端逐点推进。用蛙式打夯机对结构物边缘的50m进行夯实。

9.7.10 桥头段，台背基底补压1次，路床顶面补压1次，其余每填高2m补压一次。涵洞段，涵背基底补压1次，其余每填高2m补压一次。

9.7.11 液压夯实际施工范围不得小于设计和规范要求的范围。使用灰线标记夯实范围。按照夯击顺序，使液压夯实机就位，将液压夯实机调至强挡进行夯击。经线外夯击试验，每个夯点的强挡夯击为6~9击(夯击能达到36kJ)。

9.7.12 以3击为一阵，夯击以最后一阵与前一阵的相对夯沉量差值小于10mm为灌砂法检测压实度的依据(因夯击后一般有5~10cm的冲击虚土，一般根据经验判断)。

9.7.13 对夯实补强的最下一层进行压实度检测。压实度合格后，人工清理冲击产生的虚土。

9.8 施工质量检测

9.8.1 高速液压夯施工质量检验，宜根据土性选用原位测试和室内土工试验方法。对于重要工程，应增加检验项目，可以现场大型荷载试验的结果为主要依据。高速液压夯实机夯击场地地表过程中，如果标高变化较大，检验时需认真测定夯点标高，换算为统一高程，以便于对比夯前、夯后测试成果。对于一般工程，应采用两种或两种以上方法进行综合检验。

9.8.2 检验点数量应符合下列要求：

1 检验点的数量主要根据场地复杂程度和建筑物的重要性确定。

2 考虑到场地土的不均匀性和测试方法可能出现的误差，对于简单场地上的一般建筑物，每个建筑物地基的检验点不应少于3处；对于复杂场地，应根据场地变化类型，每个类型不少于3处。

3 夯实面积每超出1000m^2应增加1处。

9.8.3 每个检验点的检验深度不应小于设计加固深度。

9.8.4 检验的时间应满足下列要求：

1 在高速液压夯施工结束后，间隔一定时间方能对地基质量进行检验。

2 间隔时间根据土质的不同而异。

3 对于碎石和砂土地基，间隔时间可取1~2周。

4 对于低饱和度的粉土和黏性土地基，间隔时间可取2~4周。

5 对于其他高饱和度的土，间隔时间应适当延长。

附录 A　工程应用实例一

A.1　工程概况

本项目依托济广高速公路山东段济南至菏泽段改扩建工程。路线由东北向西南延伸，起自济南市西南部殷家林枢纽立交，向西南经济南市市中区、长清区、平阴县，泰安市东平县，济宁市梁山县、汶上县、嘉祥县，菏泽市郓城县、巨野县，止于王官屯枢纽立交，双向四车道，设计速度为 120km/h，路基宽度为 28.0m，路线全长约 154.6km。

A.2　场地条件

A.2.1　场地简介

试验场地位于济广高速公路 K187+745～K187+922 路段右幅，长度为 177m，地基处理面积为 $1770m^2$，路基填筑高度为 5.7～6.0m，原地基处治设计方案为浆喷桩(桩长 8m)，施工便道已通车，便于施工设备进出场地。场地如图 A.2.1 所示。

图 A.2.1　测试场地

A.2.2　地质条件

场地地下水位较低。现场地质情况及路基断面如图 A.2.2 所示。

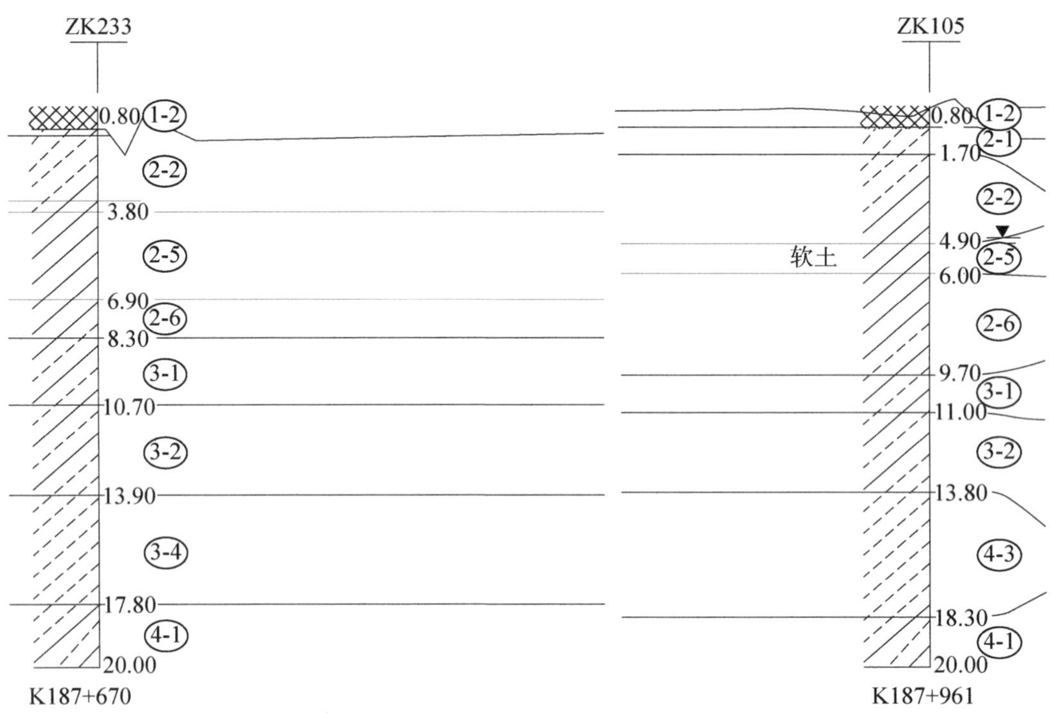

a)现场地质断面图

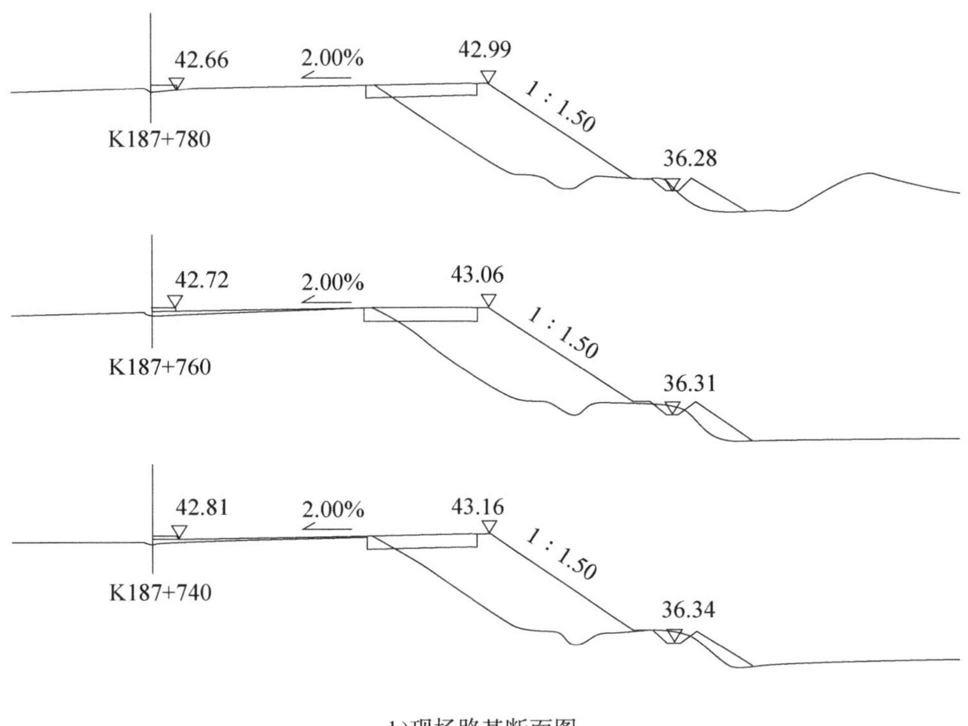

b)现场路基断面图

图 A.2.2　断面图(高程单位：m)

A.3 施工工艺试验

A.3.1 试验方案

为研究不同夯击能、不同夯击次数、不同夯板直径等工艺参数的加固效果及适用性，对高速液压夯处治新老路基差异沉降的施工工艺进行优化，设计高速液压夯施工工艺试验，包括单点夯试验、多点夯试验和满夯试验。通过单点夯试验确定高速液压夯的夯击次数、布置间距和止夯标准；通过多点夯试验确定高速液压夯的布置形式；通过满夯试验确定高速液压夯满夯夯击次数。试验方案设计如表 A.3.1 所示。

表 A.3.1 高速液压夯施工工艺试验方案设计

工况		夯击能量	布置形式	夯击次数	夯击遍数	测试段长度(m)	备注
不同夯击能加固试验	1-1	150kJ，小板	梅花形	60	2	20	间距待定，标准贯入、沉降、测斜、承载力、振动测试
	1-2	110kJ，大板	梅花形	60	2	20	3.2m 间距，沉降测试
	1-3	110kJ，大板	梅花形	80	2	20	3.2m 间距，标准贯入、沉降、测斜、承载力、振动测试
	1-4	70kJ，大板	梅花形	80	2	20	3.2m 间距，标准贯入、沉降、测斜、承载力测试、振动测试
不同能级组合加固试验	2-1	150kJ+110kJ	梅花形	80	2	20	沉降测试
	2-2	150kJ+70kJ	梅花形	80	2	20	沉降测试
不同布置形式加固试验	3-1	150kJ，小板	正方形	40	2	20	间距待定(跳打)，标准贯入、沉降、承载力测试
	3-2	150kJ，大板	正方形	40	2	20	2.5m 间距(跳打)，标准贯入、沉降、承载力测试

高速液压夯夯板直径为 1.0m 或 1.5m，夯击时每个测试区点夯 2 遍，两遍夯击之间的时间间隔应根据试夯结果确定。点夯完成后间隔一定时间满夯，满夯能量为点夯能量的 1/2。现场试验平面布置如图 A.3.1 所示。

此外，为监测高速液压夯径向影响范围，点夯测试时分别在距离夯点 1*D*、2*D*(*D* 为夯板直径)处埋设测斜管，其深度为 8m，用于观测夯击过程中夯点周围土体位移变化。

A.3.2 工艺流程

整体流程为：整平至起夯面高程→机械进场→测量放线→进行夯点施工→点夯完

成后推平夯坑、场地整平→满夯施工→测量夯后高程→夯后地基检测→交验。

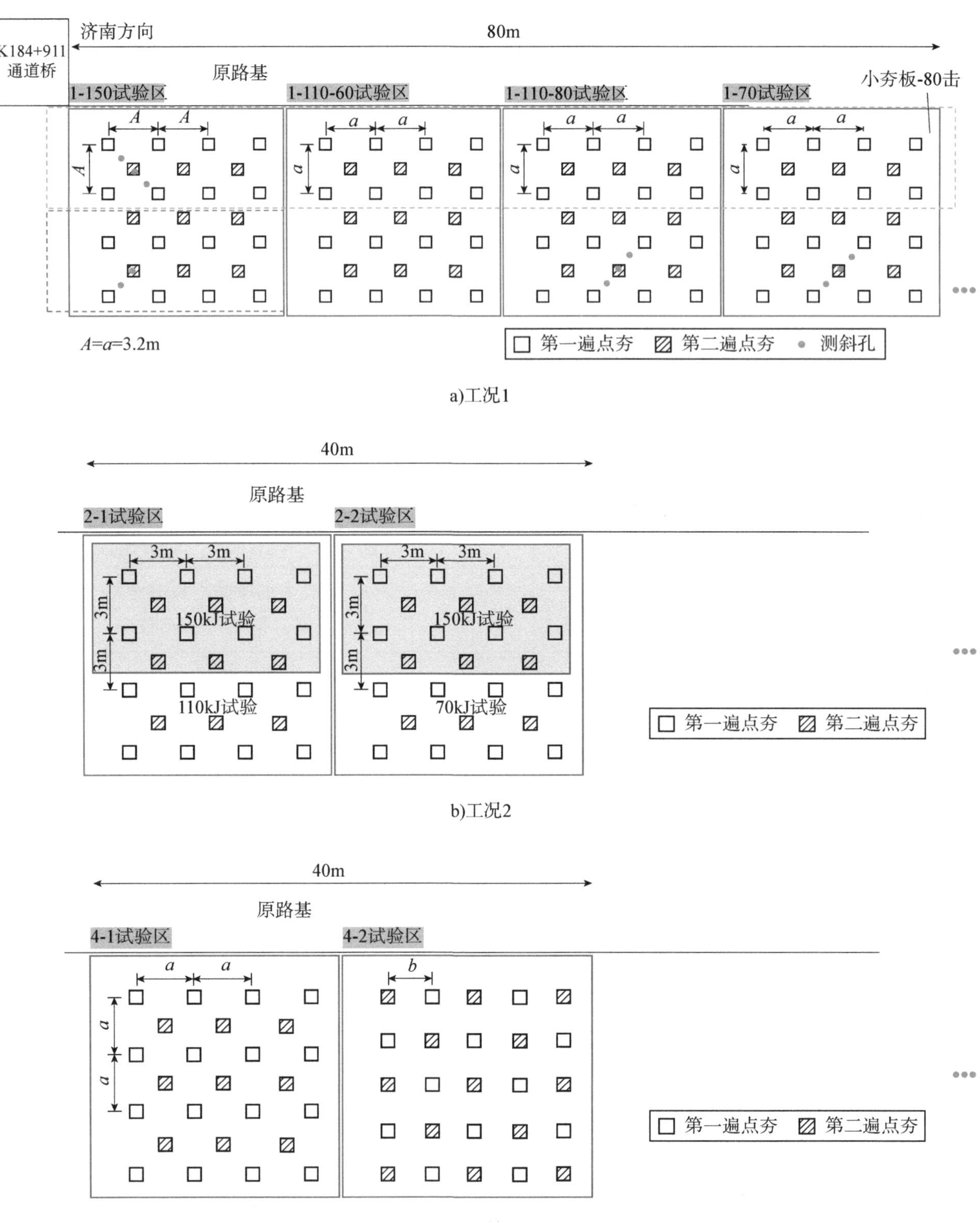

a)工况1

b)工况2

c)工况3

图 A. 3. 1　高速液压夯施工工艺现场试验平面布置

具体如下：

1　测量放线，确定液压夯实各区的位置，清理、平整场地。

2　施放夯点，要求夯点放线偏差≤5cm，用白灰标识并在图纸上编号。

3　使液压夯机就位，锤中心对准夯点位置，要求对点偏差≤15cm，测量并记录夯实前场地高程。

4　按设计的施工能量，调整夯击击数，查看下沉量，按规定的施工参数及控制标准完成一个夯点的施工。

5　单个夯点满足夯击标准要求后，将夯实机移至下一夯点，重复步骤1～步骤4，直至完成点夯施工。多点夯测试时采用直线作业方法，每次作业分左、中、右三点，再进行下一排三点施工，直至完成全部作业区。

6　用小能量进行满夯(点夯能量的1/2)，满夯完成后就地整平。

7　满足规定间歇时间后，进行地基检测。

A.3.3　测量放线

整个施工场区的测量、定位及高程控制，以建设单位提供的有关测量依据为准。

所用测量仪器，应经过计量检验合格并定期检验，确保精度。对测量基准点，须定期与建设单位提供的基准点进行核对，确认后方可使用。

工程定位测量放线由专业人员进行，复核无误后交项目部质量负责人核查。

A.3.4　关键工序的施工技术控制措施

场区整平，然后测量场区高程，为下一步的施工做好准备。

依据甲方提供的基准点和轴线测放夯点位置。

放线结束后，液压夯实机就位，竖直锤头，复验夯点位置，夯锤就位要准确，中心位移不得大于15cm。

施工中要注意锤击的声音和夯沉量的变化，有异常应立即停工，会同有关人员查明情况并研究处理意见后再行施工，同时做好隐蔽工程记录。对于特别软的区域，应及时通知监理和甲方，出具处理意见，以保证夯实效果。

施工中应满足锤击数的要求，并根据现场情况，经技术负责人或项目经理同意后适当增加锤击数，严禁班组私自更改锤击数。

开挖过程中控制高程，并注意观察夯坑土质成分；如与勘察报告不符，应及时通知监理和甲方。

液压夯实际施工范围不得小于设计和规范要求范围。

A.3.5　现场数据监测

点夯测试时，监测夯击过程中的夯沉量、测斜量。采用水准测量，每夯击6次测试一次夯沉量，直至夯击结束；采用测斜仪，每夯击6次测试一次测斜量，直至夯击结束。

满夯测试时，监测夯击前后地面的平均沉降量。

A.3.6 夯前夯后地基检测

夯前进行标准贯入试验测试。液压夯施工完毕后，应间隔 7~14d 对地基质量进行检验，包括标准贯入试验和浅层平板载荷试验检测，不同测试点位置应错开 1m，测试深度为 12m。具体检测点数量如表 A.3.6 所示。

表 A.3.6 现场监测及监测点数量

序号	名称	数量	检测数量
1	标准贯入试验	210m	夯前 3 点、工况 1 夯后 9 点、工况 3 夯后 6 点、工况 4 夯后 3 点
2	测斜试验	8 孔	工况 1 设 6 孔，工况 4 设 2 孔
3	路基沉降监测	6 点	工况 1 设 3 测点，工况 3 设 2 测点，工况 4 设 1 测点
4	承载力检测	6 点	工况 1 夯后 3 点，工况 3 夯后 2 点，工况 4 夯后 1 点
5	振动测试	4 处、12 测点	工况 1 各夯击位置(每处设置 3 个测点)，其他工况夯击位置(设置 3 个测点)
6	点夯沉降	4 处	工况 1 夯击位置，工况 4 夯击位置
7	满夯沉降	4 处，9 测点	工况 1~4，夯前夯后

A.4 振动影响测试

A.4.1 测试方案

在老路基坡脚、路基中间、路肩位置分别布置 3 个加速度测点，在同一测点位置分别进行水平振动加速度与竖向振动加速度的现场监测，测点编号为①~③。在距离坡脚 9m、6m、3m 的三个位置，由远及近地进行不同夯击能的夯击测试，并在不同加速度测点测试加速度信号。测试的夯击能为 70kJ、110kJ 和 150kJ。

测试所用夯锤底面直径为 1.5m，锤质量为 9t。测振系统由动态采集仪、拾振器、计算机及电缆组成。动态采集仪为 DH8304 高性能动态信号测试分析系统，用于对振动加速度信号的采集与分析；配套传感器为 DH610 系列磁电式速度传感器，用于对夯击表面波振动激励的拾取。地面振动测试前进行初始化平衡，并在夯击落锤前 30s 开始采样，采集过程中连续采集数据。监测方案如图 A.4.1 所示。

A.4.2 测试内容

测试内容如表 A.4.2 所示。

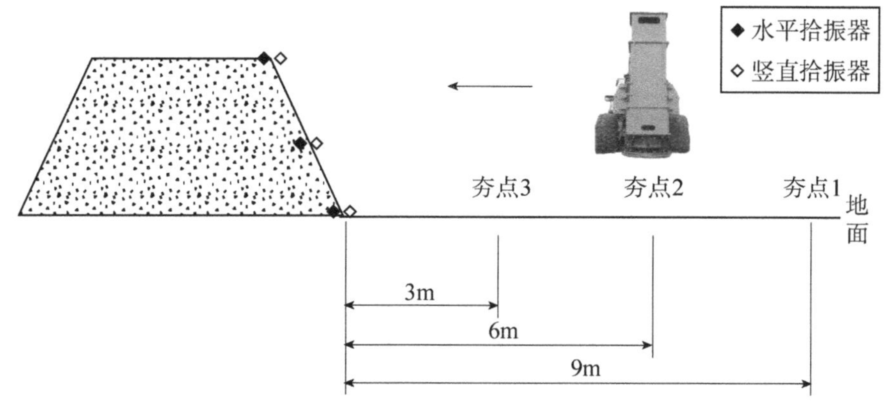

图 A. 4. 1　振动影响测试方案

表 A. 4. 2　测试内容明细表

序号	测试内容	测试数量
1	高速液压夯点夯地基沉降量	4 工况
2	高速液压夯点夯地基测斜量	3 工况
3	高速液压夯满夯地基沉降量	3 工况
4	施工前后地基标准贯入值	12 点
5	施工前后地基承载力	3 工况
6	高速液压夯振动响应	3 工况
7	不同工况路基沉降	3 工况

A. 4. 3　测试工具

测试工具包括水准仪、测斜仪、水平剖面仪、浅层平板载荷测试设备、动态采集仪及拾振器、标准贯入设备、塔尺、钢卷尺等。

A. 4. 4　测试方法

点夯地基沉降量：采用水准仪配合塔尺测量。

点夯地基测斜量：预埋竖向测斜管，采用测斜仪配合测斜管进行测量。

满夯地基沉降量：采用水准仪配合塔尺测量。

地基标准贯入值：采用标准贯入仪按照相应规范进行测试。

地基承载力：采用浅层平板载荷测试方法进行测试。

高速液压夯振动响应：采用动态采集仪，配套拾振器进行振动速度与加速度测试，分析不同夯击能的振动响应。

路基沉降：预埋水平测斜管，采用剖面沉降仪配合测斜管进行测试。

A.5 测试结果

A.5.1 沉降量结果

高速液压夯沉降量测试见图 A.5.1-1，不同工况点夯沉降量监测结果如图 A.5.1-2 所示。

图 A.5.1-1 高速液压夯沉降量现场测试

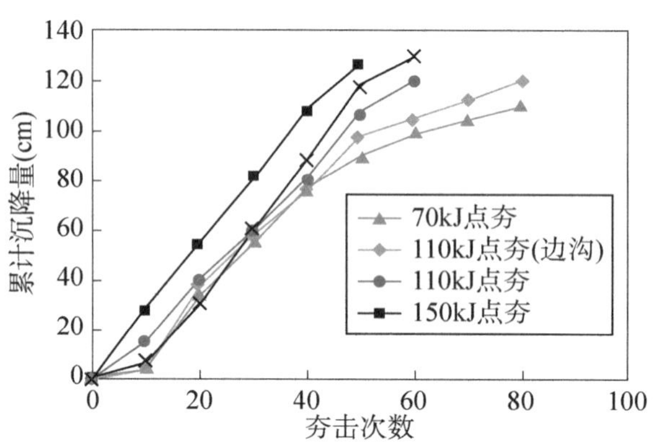

图 A.5.1-2 不同工况下点夯沉降量监测结果

由图 A.5.1-2 可以看出，随着夯击次数增加，不同工况的点夯累计沉降量均增大。从现场沉降试验结果来看，不同工况最后 10 击沉降量均大于 4cm，不满足《液压快速夯实地基技术标准》(T/SDCEAS 10006—2021)中关于点夯止夯标准的相关规定，因此无法通过单击夯沉量控制夯击次数。

70kJ 工况下，夯击 80 次后累计沉降达到 110cm，接近液压夯设备的极限行程(1.2m)，继续夯击可能损坏设备，且夯击次数过多增加了施工成本，降低了施工效率，经济性较差，因此选定最优夯击次数为 80 击。

110kJ 工况下，夯击 60 次后累计沉降达到 121cm，达到液压夯设备的极限行程，同样无法继续夯击。因此，选定最优夯击次数为 60 击。但当地面表层存有硬壳层时，夯击施工的第 1~20 击主要用于穿透表层硬壳层，振动能量沿地面向四周传播而消散，无法起到加固地基作用。因此，同样夯击次数时，夯击边沟时沉降量要小得多。当夯击次数达到 80 击后，累计沉降达到 120cm，达到液压夯设备的极限行程，同样无法继续夯击，因此优化夯击次数为 80 击。

150kJ 工况下，夯击 50 次后累计沉降达到 127cm，超过液压夯设备的极限行程，无法继续夯击。因此，150kJ 工况的最优夯击次数为 50 击。但当地面表层有硬壳层时，夯击施工的第 1~10 击主要用于穿透表层硬壳层，振动能量沿地面向四周传播而消散，无法起到加固地基作用。因此，优化夯击次数为 60 击。

综上所述，采用单击夯沉量难以达到规范的控制标准。因此，提出采用总夯沉量进行止夯控制。考虑设备性能、施工效率及施工经济性，70kJ、110kJ、150kJ 工况下的最优夯击次数分别为 80 击、60~80 击、50~60 击，夯击边沟时优选 150kJ 能量或 110kJ 能量，夯击次数取大值。

A.5.2 测斜结果

以 150kJ 工况为例，径向测斜监测见图 A.5.2-1，结果如图 A.5.2-2 所示。

图 A.5.2-1 径向测斜现场监测

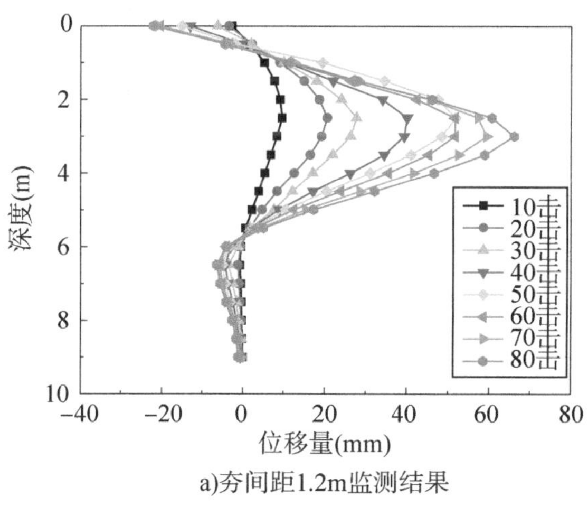

a)夯间距1.2m监测结果

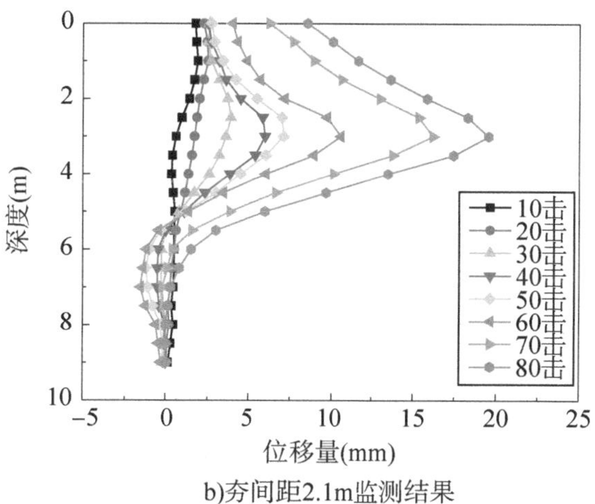

b)夯间距2.1m监测结果

图 A.5.2-2 150kJ 能量情况下测斜值随夯击次数变化情况

由图 A.5.2-2 可以看出，1.2m 处、2.1m 处测斜值不断增大，测斜变化区间主要分布在 0~6m 深度范围，表明该区域土体发生较大侧向扰动，是高速液压夯的主加固深度。

提取第 80 次夯击时不同夯间距测斜结果，绘制曲线，如图 A.5.2-3 所示。

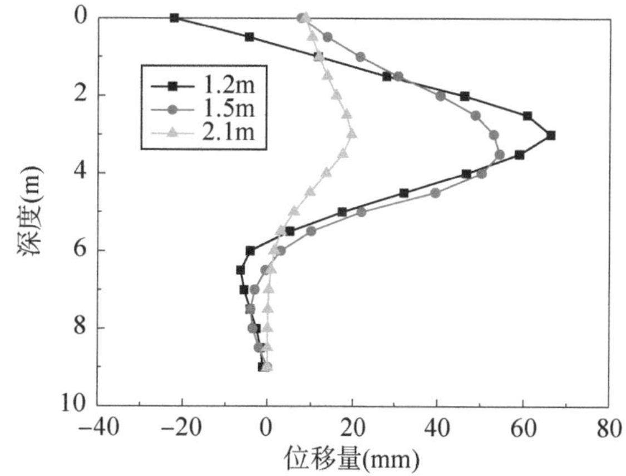

图 A.5.2-3 150kJ 能量情况下测斜值随夯间距变化情况

由图 A.5.2-3 可以看出，随着夯间距的增大，最大测斜值迅速减小，夯击 80 次后 1.2m、1.5m 和 2.1m 夯间距的最大测斜值分别达到 67.2mm、54.3mm 和 19.6mm。若夯点布置方式采用正方形，夯间距为 2.1m，则夯击区域中间点的土体将受到周围 4 次夯击作用的影响，其受到的侧向挤压作用达到甚至超过夯板正下方土体。因此，150kJ 能量情况下，夯间距可设置为 2.1m。此外，从现场多点夯击试验结果来看，采用 150kJ 能量、按照 2. 1m 夯间距进行夯击时，夯间距较小，不具备插点夯击条件。因此，实际施工时，150kJ 能量情况下采用 2. 1m 夯间距，并采用一遍夯击。

综合沉降量测试结果，现场施工时靠近原路基一侧布设两排 150kJ 能量夯点，夯间距为 2. 1m，远离路基一侧布设一排 110kJ 能量夯点。现场夯点布置如图 A. 5. 2-4 所示。

图 A. 5. 2-4　现场夯点布置图

A. 5. 3　标准贯入试验结果

为评价高速液压夯地基加固效果，液压夯施工前和施工完毕 28d 后对地基进行标准贯入试验检测，现场如图 A. 5. 3-1 所示。

a)现场地质取芯

b)标准贯入试验现场

图 A. 5. 3-1　标准贯入试验现场

由钻芯结果可知，1～3m 深度土层主要为新近冲积粉土，3～4m 为粉质黏土，5～7m 为不含细集料碎石粉质黏土，8～10m 为含细集料碎石黏性土。分析可知，4～7m 深度为主要压缩层，7m 深度以下土样压缩性较小。

由图 A. 5. 3-2 可以看出，经不同能级高速液压夯处治后，6m 深度范围内土体标准贯入击数均增大，表明 0~6m 深度土体得到加固，这与测斜结果相一致。但由于 3~4m 深度为粉质黏土层，地基承载力较低，加固后标准贯入总击数相对较少。

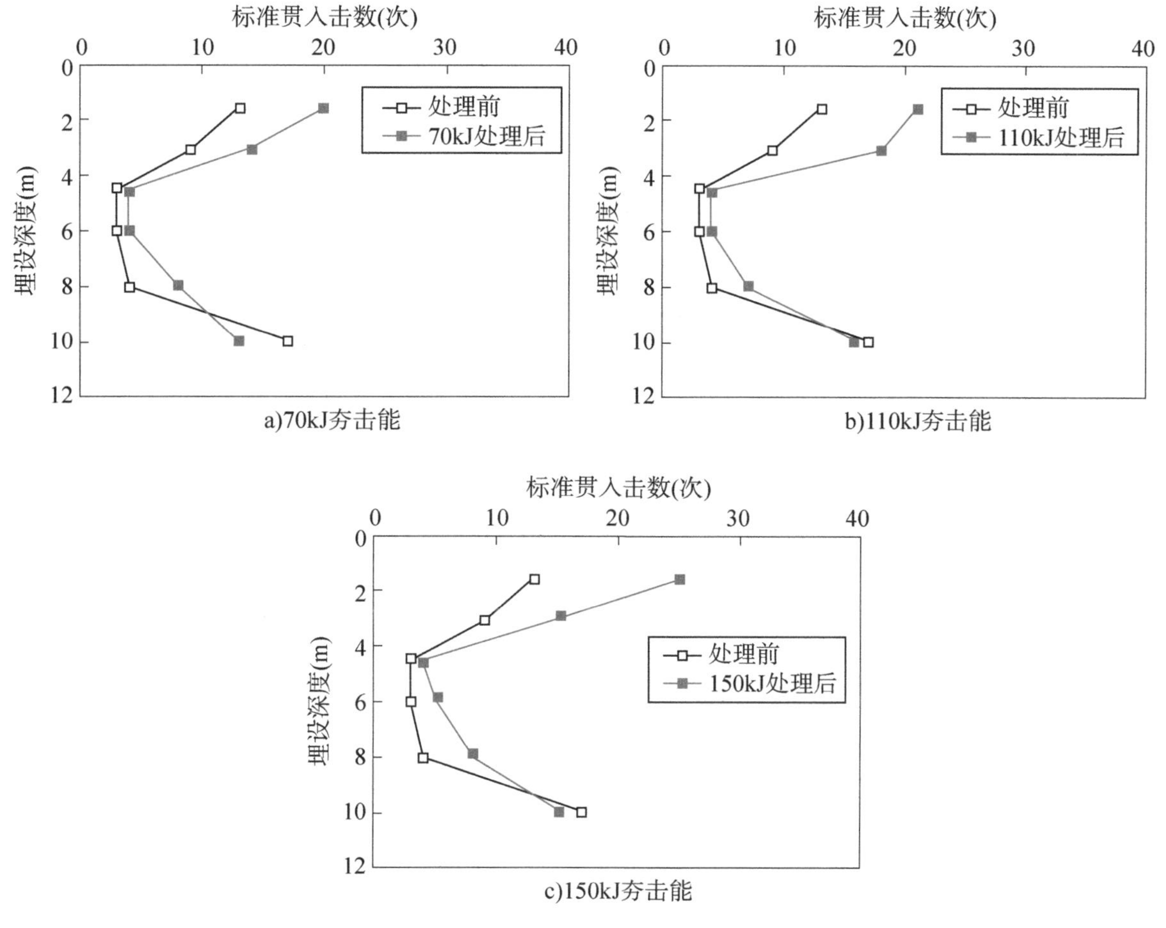

图 A.5.3-2　标准贯入试验结果

A.5.4　承载力检测结果

为评价高速液压夯地基加固效果，液压夯施工前和施工完毕 28d 后对地基进行承载力检测，检测结果如图 A.5.4 所示。

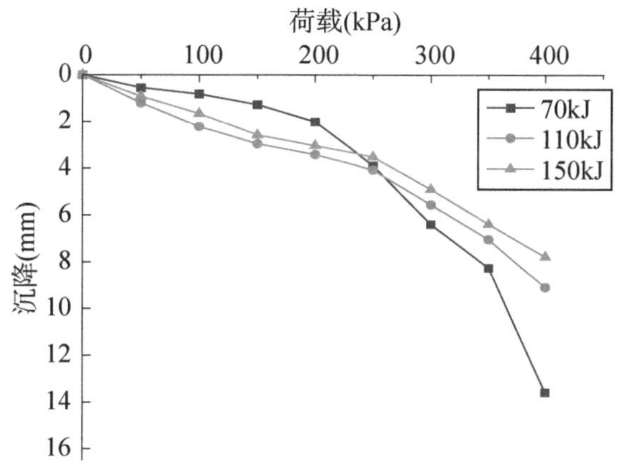

图 A.5.4　浅层平板载荷试验检测结果

由图 A.5.4 可以看出，软弱地基经高速液压夯处治后，地基承载力均能达到 150kPa 以上，检测结果合格，且最大达到 200kPa，验证了高速液压夯具有良好的处治效果。

A.5.5 振动响应结果

70kJ 夯击能情况下振动监测结果见表 A.5.5-1。

表 A.5.5-1 夯点距测点不同距离时振动峰值变化对比统计表

夯点距测点距离(m)	振动峰值(cm/s)	夯点距测点距离(m)	振动峰值(cm/s)	夯点距测点距离(m)	振动峰值(cm/s)
2	9.973	25	0.467	80	0.235
5	4.286	30	0.452	100	0.226
10	1.483	40	0.207	120	0.112
15	0.727	50	0.175	—	—
20	0.623	60	0.235	—	—

采用 70kJ 液压夯施工，在距夯点不同距离位置监测夯击振动，发现：距离夯点越近，振动越大；距离夯点 2m 时，夯击振动峰值为 9.973cm/s(图 A.5.5-1)；距离夯点 50m 时，夯击振动峰值为 0.175cm/s，对周围建筑影响较小。

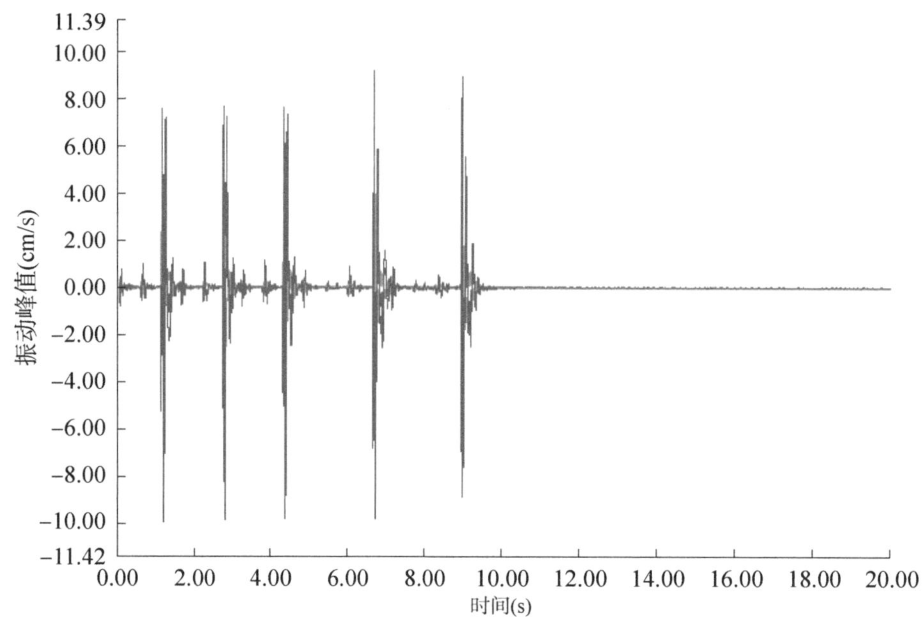

图 A.5.5-1 测点距夯点 2m 时振动峰值变化图

110kJ 夯击能量情况下振动监测结果见表 A.5.5-2。

采用 110kJ 液压夯施工，在距夯点不同距离位置监测夯击振动，发现：距离夯点越近，振动越大；距离夯点 2m 时，夯击振动峰值为 10.440cm/s(图 A.5.5-2)；距离夯点 50m 时，夯击振动峰值为 0. 177cm/s，对周围建筑影响较小。

表 A. 5. 5-2　夯点距测点不同距离时振动峰值变化对比统计表

夯点距测点距离(m)	振动峰值(cm/s)	夯点距测点距离(m)	振动峰值(cm/s)	夯点距测点距离(m)	振动峰值(cm/s)
2	10. 440	25	0. 491	80	0. 155
5	4. 730	30	0. 425	100	0. 117
10	1. 794	40	0. 229	120	0. 113
15	0. 803	50	0. 177	—	—
20	0. 646	60	0. 149	—	—

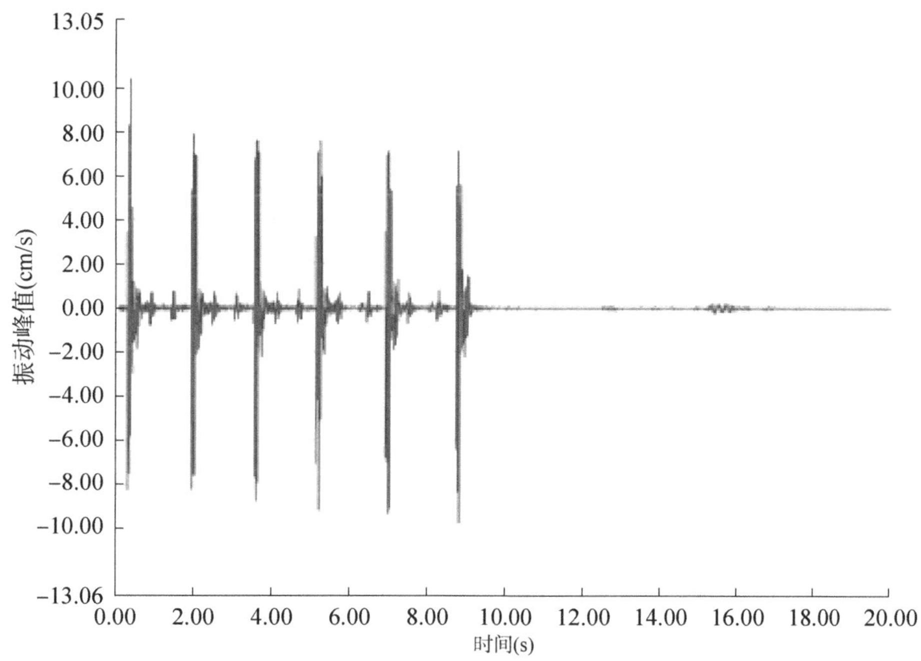

图 A. 5. 5-2　测点距夯点 2m 时振动峰值变化图

150kJ 夯击能情况下振动监测结果见表 A. 5. 5-3。

表 A. 5. 5-3　夯点距测点不同距离时振动峰值变化对比统计表

夯点距测点距离(m)	振动峰值(cm/s)	夯点距测点距离(m)	振动峰值(cm/s)	夯点距测点距离(m)	振动峰值(cm/s)
2	12. 302	25	0. 475	80	0. 122
5	5. 324	30	0. 385	100	0. 121
10	1. 945	40	0. 230	120	0. 100
15	0. 817	50	0. 173	—	—
20	0. 713	60	0. 134	—	—

采用 150kJ 液压夯施工，在距夯点不同距离位置监测夯击振动，发现：距离夯点越近，振动越大；距离夯点 2m 时，夯击振动峰值为 12.302cm/s（图 A.5.5-3）；距离夯点 50m 时，夯击振动峰值为 0.173cm/s，对周围建筑影响较小。

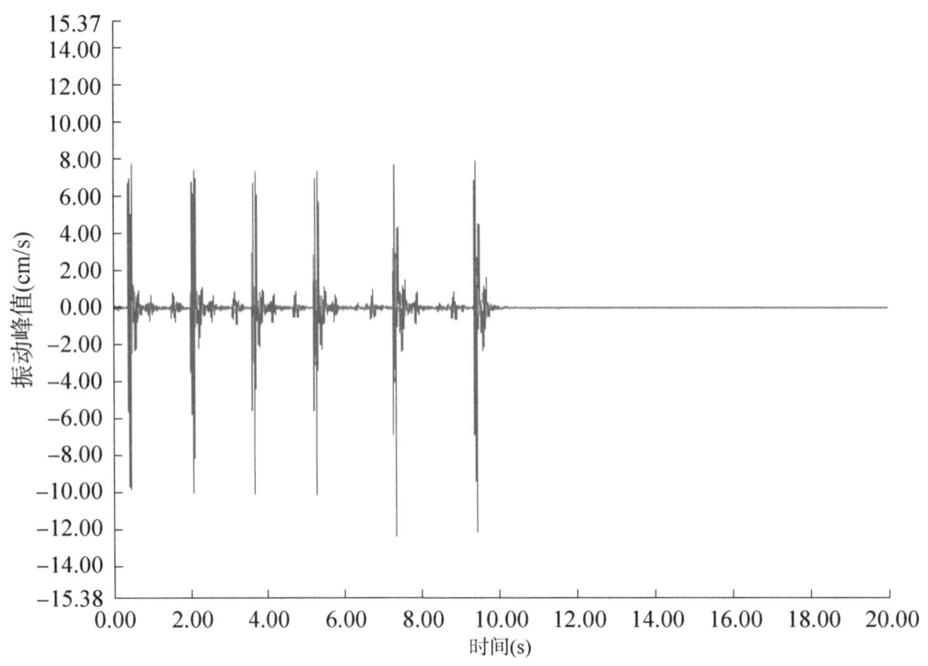

图 A.5.5-3　测点距夯点 2m 时振动峰值变化图

A.5.6　测试结论

高速液压夯加固后，地基承载力均大于设计值（150kPa），地基承载力检测合格。

高速液压夯有效加固深度超过 6m，地基土体得到有效加固。

高速液压夯施工未对原路基产生振动损伤，可正常进行施工。

A.5.7　建议的工艺参数

施工时，靠近原路基一侧布设两排 150kJ 能量夯点，夯间距为 2.1m；远离原路基一侧布设一排 110kJ 能量夯点，采用 64kJ 能量进行满夯。

推荐夯击次数：110kJ、150kJ 能量最优夯击次数分别为 60~80 击、50~60 击；夯击原路基边沟时夯击次数取大值，满夯夯击次数为 8 击。

附录B 工程应用实例二

B.1 工程概况

本项目依托济南市某道路桥梁工程。道路拟采用沥青混凝土路面，路基类型为一般路基。场区处于黄河冲积平原地貌单元，地形平坦开阔，地面标高最大为23.99m，最小为20.05m，地表相对高差为3.94m，区内地势整体平坦，局部因建筑垃圾堆积而略有起伏。

B.2 场地条件

B.2.1 工程地质条件

场地内上部地层为黄河冲积漫滩相新近堆积土，以黏性土、粉土为主，下部地层为第四系全新统冲积土，以黏性土及粉砂为主，地表为人工填土。在勘察深度(25.0m)范围内，场地第四系地层自上至下由全新统人工填土及冲洪积成因的黏性土、粉土和粉砂组成，大致分为6大层，4个亚层，现自上而下分述如下：

①-1杂填土(Q_4^{ml})：灰褐色，稍密，稍湿，以建筑垃圾为主，主要为碎石、砖块、灰渣等，局部夹粉土及少量生活垃圾，堆积时间短于1年。该层均匀性差，主要分布在民房拆迁区域，厚0.50~1.50m，平均0.75m。该层双桥静力触探试验锥尖阻力为2.0MPa，厚度加权平均值为2.70MPa；剪切破坏强度为33.6kPa，厚度加权平均值为33.6kPa。

①-2素填土(Q_4^{ml})：黄褐色，稍密，稍湿，以粉土为主，局部地段含少量的碎石、灰渣砖块等，顶部含少量植物根系，均匀性较差。场区普遍分布，厚0.50~1.50m，平均0.74m。该层双桥静力触探试验锥尖阻力为1.94~8.04MPa，厚度加权平均值为4.17MPa；剪切破坏强度为28.60~97.00kPa，厚度加权平均值为56.30kPa。

②粉土(Q_4^{al})：黄褐色，稍密，稍湿，干强度弱，韧性弱，加水后摇振反应中等，局部含粉质黏土薄层。场区普遍分布，厚1.70~5.50m，平均厚度为3.87m。

③粉质黏土(Q_4^{al})：黄褐色，可塑，干强度中等，韧性中等，无摇振反应，稍有光泽，土质较均匀，含铁锰氧化物，见锈斑。场区普遍分布，厚0.70~4.50m，平均厚度为1.59m。

④粉土(Q_4^{al})：褐黄色~灰黄色，稍密，湿~很湿，干强度低，韧性弱，摇振反应

中等，含铁锰氧化物，含少量云母碎片，局部黏粒含量较高。场区普遍分布，厚0.30~3.30m，平均厚度为1.29m。

⑤粉质黏土（Q_4^{al}）：灰褐色~灰黑色，可塑，干强度、韧性中等，无摇振反应，稍有光泽，局部含有机质、腐殖质，具腥臭味，含少量螺壳碎屑，局部夹粉土薄层，局部含姜石和贝壳碎片。场区普遍分布，厚1.40~6.20m，平均厚度为3.71m。

⑤-1粉土（Q_4^{al}）：黄褐色，中密，很湿，干强度低，韧性低，摇振反应中等，以石英、长石为主，含云母，局部夹粉质黏土薄层。场区普遍分布，厚0.30~3.30m，平均厚度为1.24m。

⑥粉质黏土（Q_4^{al+pl}）：黄褐色，可塑，干强度中等、韧性中等，无摇振反应，稍有光泽，含铁锰氧化物，见锈斑，局部粉粒含量较高，夹粉土薄层，局部含少量小姜石，含量为5%~8%，粒径0.3~2cm。场区普遍分布，厚0.60~7.80m，平均厚度为3.51m。

⑥-1粉土（Q_4^{al}）：黄褐色，中密，饱和，摇振反应中等，以石英、长石为主，含云母，颗粒级配较好，分选性差，局部夹粉质黏土及粉砂薄层，偶见小姜石。场区内呈透镜状分布，厚0.80~2.50m，平均厚度为1.38m。

⑦粉砂（$Q_4{}^{al+pl}$）：黄褐色，中密，饱和，以石英、长石为主，含云母，颗粒级配较好，分选性差，局部夹粉土及粉质黏土薄层。场区普遍分布，厚0.50~11.70m，平均厚度为3.28m。该层双桥静力触探试验锥尖阻力为8.52~27.88MPa，厚度加权平均值为21.09MPa；剪切破坏强度为71.00~322.30kPa，厚度加权平均值为234.60kPa。

⑧粉土（Q_4^{al}）：黄褐色，中密，饱和，摇振反应中等，以石英、长石为主，含云母，颗粒级配较好，分选性差。仅42号钻孔底部揭露，未揭穿，揭露厚度为1.90m。

上述各土层的压缩性与地基承载力见表B.2.1。

表B.2.1　各土层的压缩性与地基承载力

层号	地层	承载力特征值(kPa)	压缩模量(MPa)
②	粉土	110	7.49
③	粉质黏土	100	5.93
④	粉土	120	7.42
⑤	粉质黏土	100	5.17
⑤-1	粉土	120	9.30
⑥	粉质黏土	140	5.76
⑥-1	粉土	140	7.60
⑦	粉砂	160	15.00

B.2.2 水文地质条件

调查结果表明：调查区内地下水类型以第四系孔隙潜水及浅层微承压水为主，地下水以大气降水及黄河水侧向渗漏补给为主，其次是引黄、引青及农田灌溉垂向渗漏。勘察区域地下水客观上为沿北西西—南东东走向，而场区北侧靠近机场排水沟，局部地下水自北向南运移，表明机场排水沟周边地表水经粉土层漏入地下水层补给地下水。机场排水沟排泄模式以径流为主，地下水多自西向东径流而出，多数流入小清河。调查区地下水动态分析类型属降水入渗与河流侧渗~径流型。

勘探期间，场区地下水稳定埋深为6.5~7.5m，相应水位标高为15.23~16.02m。据前期地质测绘报告，场区近3~5年地下水年变幅为2.5~3.0m。与前期勘察资料相比，地下水水位下降明显。

B.3 现场试验方案

为明确高速液压夯加固范围，开展不同夯击能、不同夯击次数的加固地基现场试验，建立高速液压夯有效加固深度、径向范围、地基承载力等与夯击能量、夯击次数、夯沉量等的经验关系式，以揭示不同因素对加固范围的影响规律。

B.3.1 试验设计

针对现场试验场地，选择50m×60m区域划并分为3个试验夯击区，每个试验区面积为50m×20m，分别采用70kJ、110kJ和150kJ三种夯击能进行现场夯击试验。高速液压夯夯板直径为1.5m，夯点采用正方形布置，夯间距为3.2m，夯击时每个试验区点夯两遍，两遍夯击之间的时间间隔应根据试夯结果确定，点夯完成后间隔一定时间满夯；满夯能量为点夯能量的1/2，夯击次数为6击。现场试验设计参数如表B.3.1所示，现场布置如图B.3.1所示。

表B.3.1 现场试验设计

工况	夯点形式	夯间距(m)	夯点布置	夯击次数	夯击遍数	备注
70kJ液压夯	点夯	3.2	正方形	40	2	连续夯击30次，中间提锤1次
110kJ液压夯	点夯	3.2	正方形	40	2	
150kJ液压夯	点夯	3.2	正方形	40	2	

B.3.2 仪器布设

夯击试验前，按照试验平面布置图进行现场钻孔，埋设孔隙水压力计，用来监测夯击试验过程中地下水位以下孔隙水压力变化。邻近夯点渗压孔的孔隙水压力计埋深定为4m、5m、6m、7m，远离夯点渗压孔的孔隙水压力计埋深定为4m、5m，现场共埋设孔隙水压力计18个，孔隙水压力计的布置如图B.3.2所示。

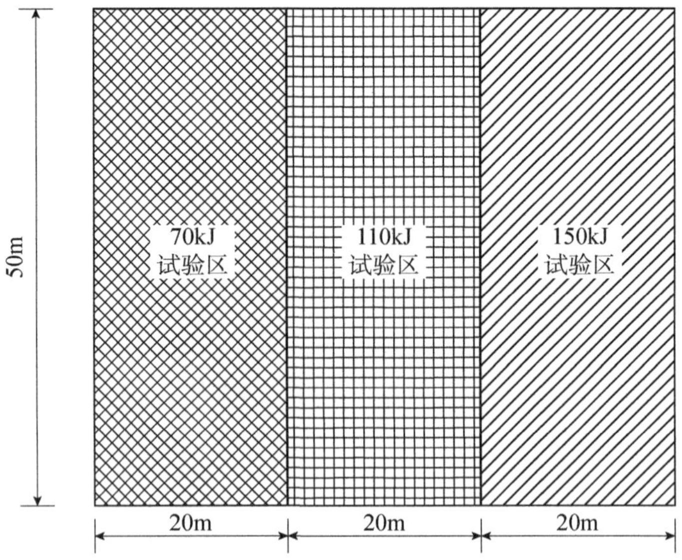

a)高速液压夯试验整体布置图

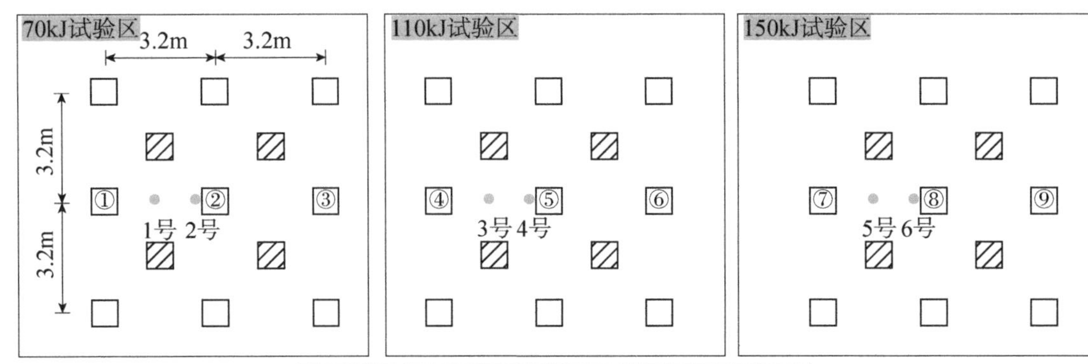

b)高速液压夯试验设计参数

图 B. 3. 1　现场试验平面布置

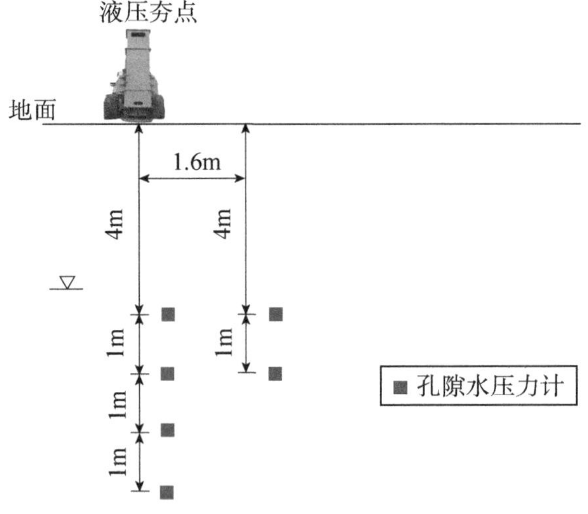

图 B. 3. 2　孔隙水压力计竖向埋设图

B.4 测试结果分析

B.4.1 土体累计夯沉量分析

现场试验过程中，监测夯沉量随夯击次数的变化情况。70kJ、110kJ、150kJ 三种工况下，点夯过程中夯沉量的现场监测如图 B.4.1-1 所示。

a)70kJ工况夯沉量监测

b)110kJ工况夯沉量监测

c)150kJ工况夯沉量监测

图 B.4.1-1 不同工况下夯沉量现场监测

三种不同工况的夯沉量如图 B.4.1-2 所示。

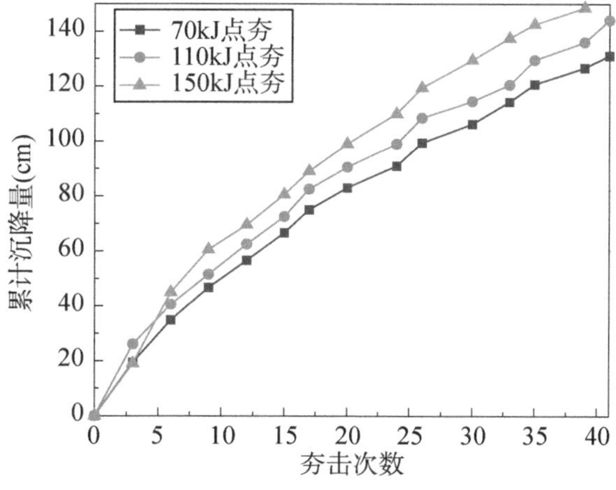

图 B.4.1-2 不同工况下夯沉量监测结果

由图 B. 4. 1-2 可以看出，土体夯后累计夯沉量随夯击次数的增加而增大，在 40 击内大概呈现出正比例函数的关系，且夯后土体累计夯沉量随夯击能的增加而逐渐增大。

B. 4. 2　竖向动应力传播特性分析

高速液压夯夯击地面时，能量由夯锤势能转换为动能，经夯板转化为瞬时动应力，向四周传递，对地基土体产生加固作用。

动应力在土体中由夯点处向四周传播，在地下水位以下产生超静孔隙水压力。通过分析超静孔隙水压力的竖向变化规律，可以揭示高速液压夯动应力沿竖向的传播特性。现场监测超静孔隙水压力的最小埋深为 4m，未得到浅层土的有效试验数据。为增加数据点，采用拟静力法计算地基浅层土的竖向动应力值。以 70kJ 夯击能工况为例，根据夯锤自由下落速度公式 $v=\sqrt{2gh}$（其中，v 为速度，g 为重力加速度值，h 为下落高度）可知，夯锤下落至地面时的速度为 $v=3.9\text{m/s}$。根据动量守恒定理 $Ft=mv$（式中，F 为夯锤产生的荷载，t 取 0. 31s，m 为夯锤质量），计算夯锤产生的荷载 $F=113\text{kN}$，相应的夯锤底面动应力为 144kPa。参照圆形均布荷载下地基附加应力计算简化模型，可计算液压夯板下不同深度土体的附加应力值。

70kJ 夯击能时，4m 深度处土体附加应力值为 1. 655kPa，夯击 40 次后竖向附加应力值为 66. 2kPa。同理可计算其他埋深处土体的竖向附加应力值。不同深度处土体竖向应力的理论计算值与实测值的对比如图 B. 4. 2-1 所示。

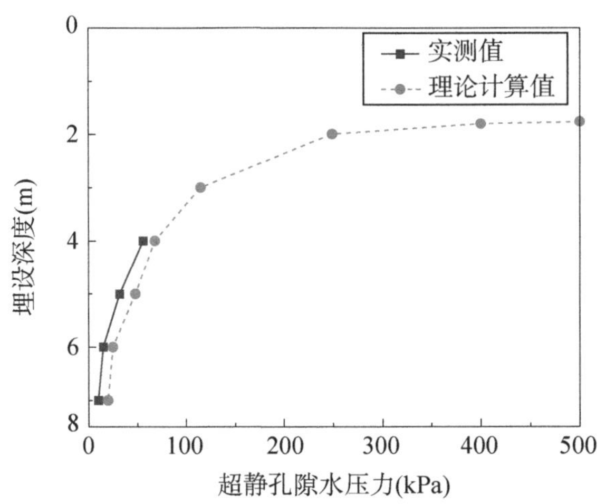

图 B. 4. 2-1　土体竖向动应力理论计算值与实测值对比

由图 B. 4. 2-1 可以看出，实测值与理论计算值变化趋势基本吻合，但实测值比理论计算值偏小，分析原因为实际施工过程中超静孔隙水压力发生消散，导致实测值略小于计算值。对实测与计算的超静孔隙水压力结果进行汇总，绘制不同工况下第 40 次夯击后夯点下超静孔隙水压力沿深度的变化情况，如图 B. 4. 2-2 所示。

由图 B. 4. 2-2 可以看出，不同工况下超静孔隙水压力曲线具有以下规律：夯后土体应力值随着深度增加呈现出二次衰减的趋势，且 0~4m 埋深的应力值衰减速度较快，而 4m 埋深以下的区域则呈现出缓慢衰减的特点。

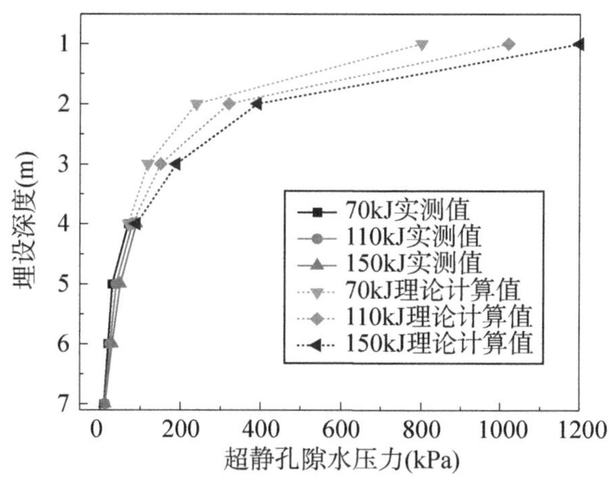

图 B. 4. 2-2　不同工况下超静孔隙水压力沿深度变化(第 40 次夯击)

以 70kJ 工况为例，分析图 B. 4. 2-2 可知，1m 深度处的计算应力值为 822kPa，应力值较大；埋深为 4m 时，应力值快速减小至实测值(37. 86kPa)；4～8m 埋深，应力值衰减较慢；埋深为 6m 时，减小至 53kPa；埋深为 7m 时，减小至 8. 2kPa。

可以看出，在应力值曲线中，埋深 2～4m 的区域呈现出较大的衰减斜率，同时在 4m 埋深位置处，衰减曲线出现了一个明显的拐点，即曲率最大点。拐点以下的区域，应力值曲线的衰减斜率减小，应力值呈现出缓慢衰减的趋势。同理，各工况夯后超静孔隙水压力沿深度均有类似的衰减趋势。

随着深度的增加，不同工况下的应力值快速减小，拐点以下各工况的应力值逐渐趋近于相等。从图中可以看到，当深度达到 7m 时，各个工况下的应力值已经相当接近。竖向传播特性表明，应力的传播深度具有一定影响，在超过某一深度后，高速液压夯的作用效果将会减弱。

为研究夯击能对竖向动应力传播特性的影响，汇总夯点下方不同夯击能情况下第 40 次夯击时超静孔隙水压力变化值，见图 B. 4. 2-3。

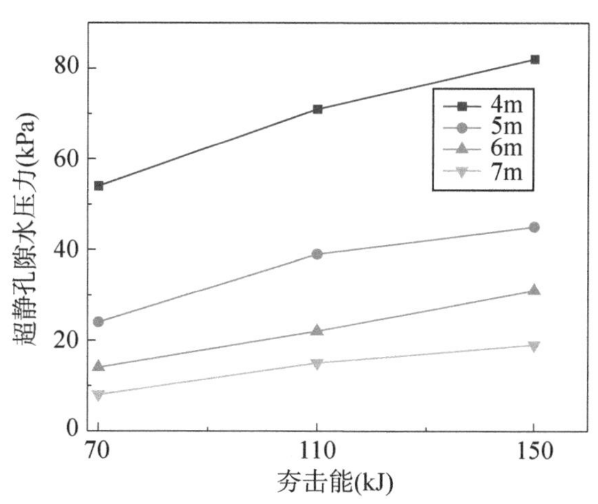

图 B. 4. 2-3　第 40 次夯击时不同埋深处超静孔隙水压力随夯击能的变化

对比图 B. 4. 2-3 中不同工况下的应力值还可以发现，高速液压夯击能越大，相同深度处土体应力越大，不同埋深处土体应力值均随夯击能的增加而线性增长，且埋深越深，其增长速率越小。具体来看，夯击能为 70kJ、110kJ 和 150kJ 时，4m 埋深处超静孔隙水压力分别为 52.75kPa、69.49kPa 和 82.32kPa，其增长率约为 0.37；埋深为 5m、6m 时，超静孔隙水压力增长率逐渐减小；而埋深为 7m 时，超静孔隙水压力增长率较小，为 0.16。上述应力变化规律表明，一定深度后夯击能对应力的竖向传播效果影响不明显。

B.4.3 径向动应力传播特性分析

根据试验结果，选取夯击能为 150kJ 的工况下，4m 埋深处距夯点不同水平距离的超静孔隙水压力监测结果，绘制夯后超静孔隙水压力沿水平方向的变化，如图 B.4.3-1 所示。

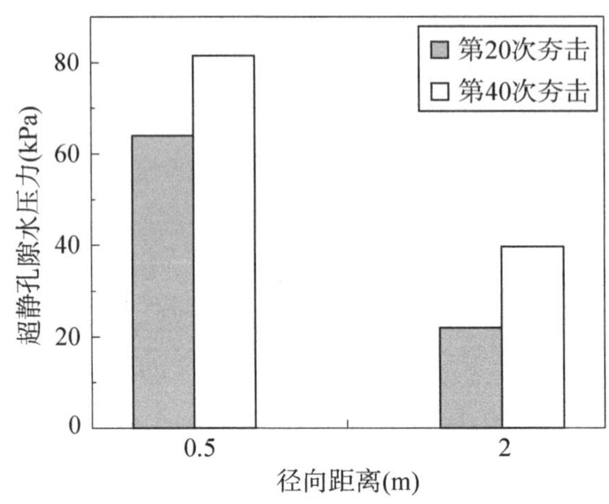

图 B.4.3-1　150kJ 工况下 4m 埋深处不同夯击次数后超静孔隙水压力沿水平方向的变化

由图 B.4.3-1 可以看出，4m 埋深处超静孔隙水压力值由夯板边缘沿径向迅速衰减，第 20 次夯击后由 63.88kPa 衰减为 26.14kPa，第 40 次夯击后由 82.32kPa 衰减为 37.24kPa，径向衰减率达到 60%，表明高速液压夯动应力沿径向快速衰减。分析原因可知，液压夯夯击时，应力波会受到土体的阻尼作用，导致波体强度迅速衰减，在距夯点一定水平距离后，波体振动强度减弱。

同理，根据试验结果，110kJ、70kJ 工况下 4m 埋深处夯后超静孔隙水压力沿水平方向的变化分别如图 B.4.3-2、图 B.4.3-3 所示。

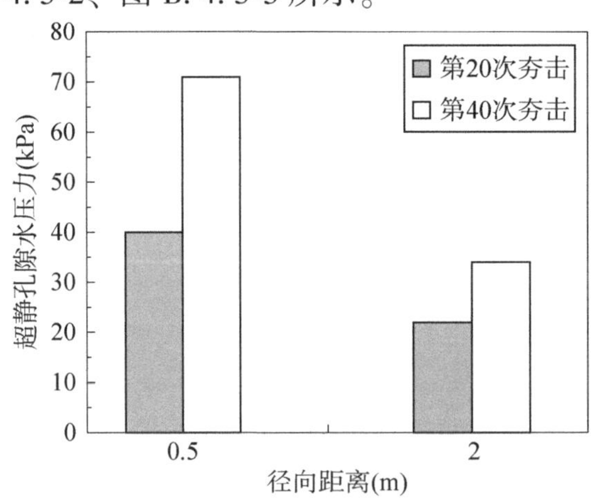

图 B.4.3-2　110kJ 工况下 4m 埋深处不同夯击次数后超静孔隙水压力沿水平方向的变化

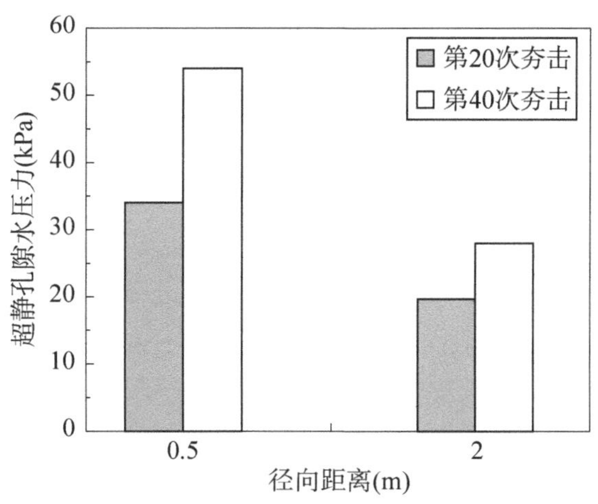

图 B.4.3-3　70kJ 工况下 4m 埋深处不同夯击次数后超静孔隙水压力沿水平方向的变化

对比图 B.4.3-2、图 B.4.3-3 可以看出，不同夯击能工况下，超静孔隙水压力的径向变化趋势相似，再次证明了高速液压夯径向动应力的衰减特性。

为对比分析不同埋深处高速液压夯动应力的径向传播特性，选取 150kJ 工况下第 40 次夯击的 4m、5m、6m 埋深监测数据，绘制不同埋深处超静孔隙水压力沿水平方向的变化情况，如图 B.4.3-4 所示。

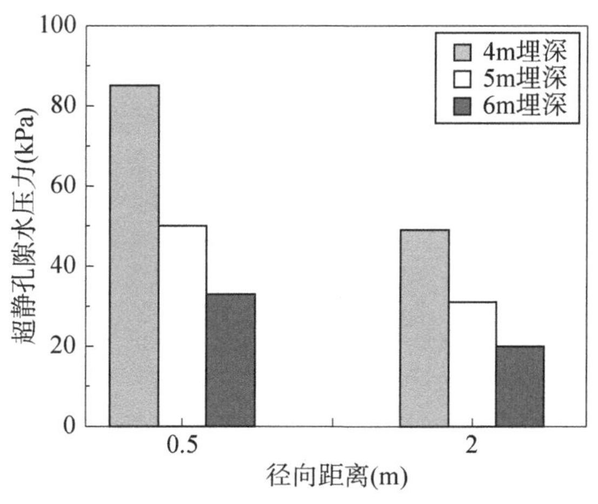

图 B.4.3-4　150kJ 工况下第 40 次夯击时不同埋深处超静孔隙水压力沿水平方向的变化

由图 B.4.3-4 可以看出，在水平方向上，超静孔隙水压力随着埋深的增加呈现出逐渐衰减的特征，并且埋深越浅，衰减速率越快。超静孔隙水压力的这种衰减规律反映了土体状态对高速液压夯应力径向传播特性的影响，上层土体自重应力较小、压实程度较低，因此土体应力在径向上的衰减速率较快；而下层土体的自重应力相对较大、压实程度较高，因此土体应力在径向上的衰减速率较慢。

为研究夯击能对应力的径向传播特性的影响，绘制 4m 埋深处不同夯击能情况下第 40 次夯击的超静孔隙水压力变化值，如图 B.4.3-5 所示。

由图 B.4.3-5 可以看出，在不同径向距离上，超静孔隙水压力与夯击能均呈现线性增长趋势，且距离夯点越远，其增长率就越小，这与夯击能对应力的竖向传播影响方式具有相似的特征。夯点边缘处应力值增长率为0.375，距离夯点1.5m时应力值增长率仅为0.213，夯击能对应力的影响较弱。

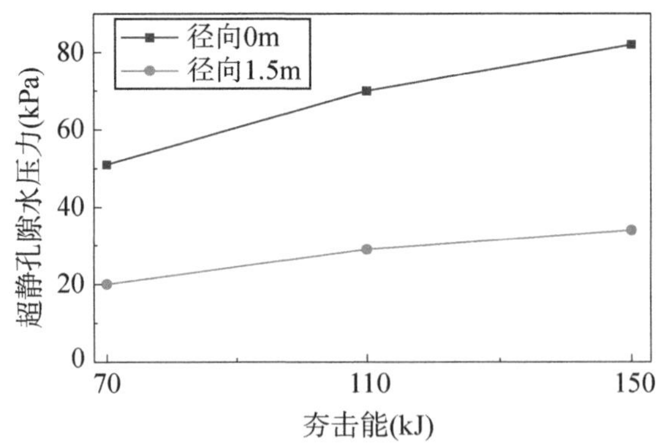

图B.4.3-5　第40次夯击时4m埋深处超静孔隙水压力随夯击能的变化

B.4.4　高速液压夯有效影响范围分析

基于上述动应力的传播特性规律，能够对高速液压夯的有效影响深度和有效影响半径进行初步分析，以评价高速液压夯的有效影响范围，为其设计和施工提供基础数据。

a)有效影响深度分析

为明确高速液压夯的有效影响深度，本试验参考强夯加固的影响深度判别方法，使用超静孔隙水压力为自重应力的20%时所对应的深度作为有效影响深度的临界值。不同夯击能的单击有效影响深度判定曲线如图B.4.4-1所示。

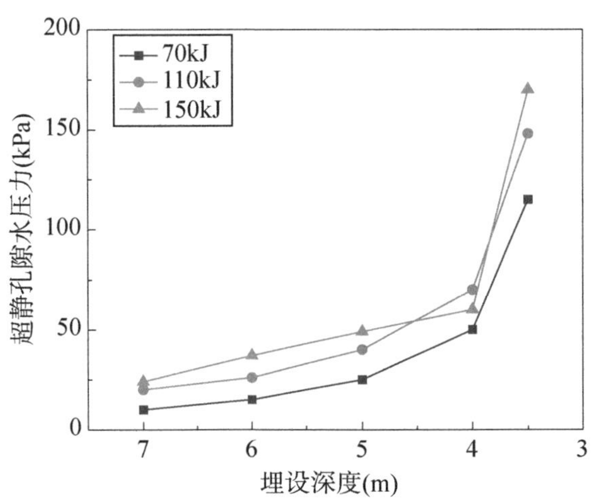

图B.4.4-1　不同夯击能的单击有效影响深度判定曲线

根据图B.4.4-1可以判定夯击能为70kJ、110kJ、150kJ时，夯击40次后的有效影响深度分别为5.3m、6m、6.6m。进一步绘制夯击能与有效影响深度的关系曲线，如图B.4.4-2所示。

通过图B.4.4-2可以看出，高速液压夯的有效影响深度随夯击能增大而增加，且呈线性关系。根据竖向动应力的传播特点可知，竖向应力变化曲线存在明显拐点，拐点以上土体应力值较大，土体受到较强的扰动重塑，加固效果较好，可视为强扰动区；拐点以下区域土体应力值较小，土体受到的扰动较弱，加固效果相对较差，为弱扰动区。

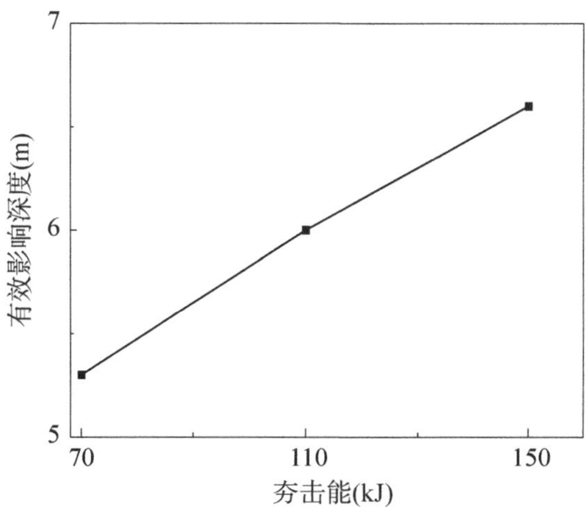

图 B. 4. 4-2　不同夯击能的有效影响深度变化曲线

b) 有效影响半径分析

目前还没有一个统一的标准来判定动力夯实对地基径向加固的影响范围，因此人们对于这方面的认识还不够系统。关于动力夯实加固范围，与熊丽芳提出的将密实度的改变作为有效加固范围的判别标准不同，本指南以应力衰减率为 60% 的水平距离作为液压夯的有效影响半径，进行初步的加固范围判定。根据径向动应力传播规律，可得到不同夯击能情况下第 40 次夯击的有效影响半径，如图 B. 4. 4-3 所示。

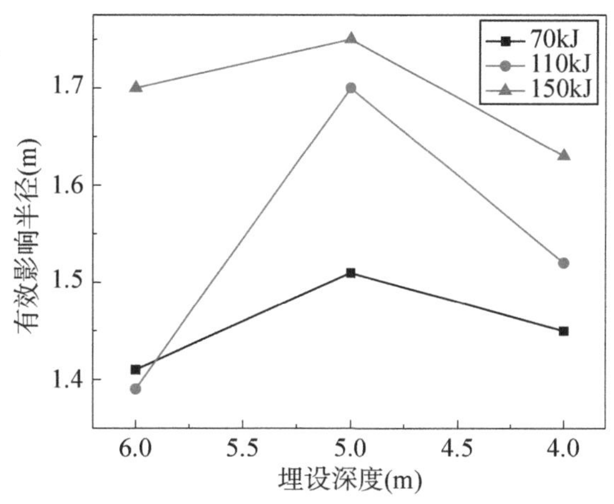

图 B. 4. 4-3　不同夯击能的径向有效影响半径(第 40 次夯击)

由图 B. 4. 4-3 可以看出，5m 埋深处高速液压夯有效影响半径最大，4m、7m 埋深处有效影响半径相对较小，有效影响半径曲线沿深度方向呈外凸趋势。具体来看，70kJ 夯击能工况下，4m 埋深处有效影响半径为 1. 478，5m 埋深处有效影响半径为 1. 519m，7m 埋深处有效影响半径为 1. 43m，有效影响半径沿深度方向有明显变化。对比相同深度、不同夯击能情况下的有效影响半径可知，单击夯击能越大，有效影响半径越大，如 5m 埋深处，夯击能分别为 70kJ、110kJ、150kJ 时，有效影响半径分别为 1.519m、1.698m 和 1.728m。相比于夯击能对有效影响深度的影响程度而言，夯击能对有效影响半径的影响程度较小。

B.4.5 测试结论

依托济南市稼轩西路道路桥梁工程，对高速液压夯处治改扩建公路地基的应力沿竖向和径向传播特性进行了现场试验研究，分析了夯击能对高速液压夯应力传播特性的影响以及不同地质条件下高速液压夯的有效加固范围，主要结论如下：

1　高速液压夯加固地基的夯后累计沉降量随夯击次数的增加而逐渐增大，呈现出正比例函数的增加趋势，且夯后土体累计沉降量随夯击能的增加而增大。

2　高速液压夯应力沿竖向呈二次衰减趋势，且应力衰减曲线存在明显拐点（即曲率最大点）。拐点以上，应力值随深度的增大而快速衰减；拐点以下，应力值则沿深度衰减较慢。同理，超静孔隙水压力沿深度也有类似的衰减趋势。高速液压夯应力的竖向传播具有一定的影响深度，超过某一深度范围后，高速液压夯作用效果不明显。

3　高速液压夯在径向上的动应力呈现出快速衰减的趋势，并随着水平距离的增加逐渐趋于稳定，与竖向应力传播的特性类似；不同埋深的土体，径向上的应力衰减速率也各不相同，埋深越浅的土体，径向衰减速率相对越快。

4　土体应力随夯击能的增加而线性增大，但夯击能对应力的影响程度随深度和水平距离的增加而减弱。

5　高速液压夯的有效影响深度随夯击能增加而线性增大，5m 埋深处高速液压夯有效影响半径最大，根据高速液压夯在竖向上的动应力衰减曲线特点，可将其竖向有效影响区域划分为强扰动区、弱扰动区和下卧层；高速液压夯的有效影响半径曲线沿深度方向呈外凸趋势，相同深度下单击夯击能越大，有效影响半径越大；但夯击能对有效影响半径的影响程度较小，单点夯的有效影响半径一般在 1.6m 左右，有效影响深度一般在 6m 左右。